邱獻勝老師
烘焙教室

無私分享的 101 道暖心甜點

邱獻勝／馮寶琴／鍾昆富　著

特別感謝：廖安妍老師、張月嬌老師、潘明正老師、陳昱蓁老師，協助本書的拍攝工作。

本書作者：（左起）馮寶琴老師、邱献勝老師、鍾昆富老師

邱献勝師傅

「邱献勝師傅的烘焙天地」
是個讓大家互相學習的地方

　　這次我特別整理出社團中「蛋糕、塔派、餅乾、糕點」的相關食譜，再次分享給大家。考慮到大多數讀者是使用家庭烤箱來製作產品，因此清楚標示出本書的配方及數量，讓大家操作起來，能夠更清楚，運用上能更加得心應手，快樂的做烘焙。

好的烘焙書籍，能夠讓讀者輕鬆易學
好的配方，值得讓大家收藏

　　要寫出一本，能夠讓大家易懂易學的烘焙書，真的是需要花很多的精神來設計！兢兢業業的撰寫本書，每一次下筆，都要考慮到初學者是否簡單明瞭的學習？又要思索到熟練者能否教學相長？從烘焙中啟發靈感，努力的研究配方，期盼讀者能夠以市售且隨手可得的材料，製作出美味的甜點，這是藝術創作的精神。

　　本次特別邀請馮寶琴（寶媽）老師、鍾昆富（大頭）老師，加入本書的創作，寶媽老師運用她最熟悉的的在地食材創作美味的鄉村點心；大頭老師則收錄他努力鑽研的低醣米香食譜，兩位老師的加入讓這本書內容更為豐富，也讓讀者有更多元的學習方向。

　　「邱献勝師傅的烘焙天地」創立於2017年8月8日，成立這個社團，是想讓喜歡烘焙、想學烘焙、熱愛烘焙、想精進烘焙的朋友們，可以齊聚一堂，互相切磋學習，教學相長；讓大家在製作糕點時，都能夠享受其中的樂趣，發掘其中的奧妙。

　　隨著各地的同好夥伴們紛紛加入社團，與我們分享世界各地的烘焙技術，烘焙領域真是無遠弗屆，創意無限！在大家百花齊放的分享下，社團蹦出更多不同的火花，豐富且多彩多姿的產品，「分享」就是社團成立的宗旨。

　　感恩大家對烘焙天地的支持。感恩老師們、學員們、願意無私的分享美食、糕點。感恩管管們、直播團隊們的辛勞，將社團經營管理的有條有理。感恩馮寶琴（寶媽）老師、鍾昆富（大頭）老師，加入本書的創作行列，讓本書的內容更為多元，更為豐富。感恩出版公司，及所有工作團隊齊心協力，讓《邱献勝老師的烘焙教室》一書能夠順利與大家見面，跟大家分享烘焙心得。感恩您們大家，謝謝您們！大家辛苦了！

邱師傅的座右銘：學習是幸福、創作是無限、品嚐是滿足、分享是快樂。
邱師傅的口頭禪：做吃的、不怕人吃；下手不手軟。

　　最後提醒大家，要記得交功課喔！掃描下方的 QRCODE，一起到 FB 社團「邱献勝師傅的烘焙天地」中，跟我們分享你的作品吧～

f 邱献勝師傅的烘焙天地 🔍

馮寶琴師傅

我是一位出生於花蓮縣鳳林鎮國際慢城，平凡家庭的客家媽媽

小時候家人必須早起外出工作，家中就剩下我和妹妹們。從小家裏環境困苦，我必須獨立分擔家務，從很小的時候就必須下廚做菜給家人吃，邊做邊學，一路摸索學習，慢慢的，也因此練就燒一手好菜的功夫。回想自己一路走來，也做過不同的工作，為了維繫家庭開銷把三個孩子拉拔長大，年輕時做過製作西裝褲的縫紉師、建築業的水泥工師傅、也製作精緻的便當菜餚、跟隨鄉下流水席師傅學做總舖師學徒等，到後來自己開設簡餐料理餐廳。年輕歲月就這樣不知不覺從指縫間流逝。回首來時路，順從人生中的機緣，咬牙埋頭學習，轉換自己的人生道路，這些都是我特別珍貴的生活經歷。

記得 2016 年由花蓮縣政府客委會邀約，我首次參加臺灣客家廚藝美食料理比賽就奪得社會組神廚獎的冠軍殊榮，長年的烹飪經驗及交流，累積燒出一手好菜的功力與創意想法，更願自己用心準備端上桌的佳餚，能讓饕客們慢慢、仔細地品嚐，除滿足食客們的味蕾，更用美食來掌握賓客的心，這也是讓我持續掌廚的原動力。

做什麼像什麼，要求自己從做中學深入去體會了解它，這也是我教育孩子的方式

當兒女們長大跨足社會工作後，平凡的日子中，見自己學餐飲的大兒子，在家動手做餅乾，那年他問我，妳要動手玩看看嗎？初次接觸麵團，用手溫感受製作過程，也逐漸摸出自己的興趣。在烘焙老師的引導指點下，進一步啟發自己對烘焙濃厚的興趣，也在烘焙學習路上，陸續取得西點蛋糕及麵包等技術士證照，更讓自己對烘焙原理有了結構性的概念，從自己一次又一次的變化，一次又一次的蛻變中，找到屬於自己的烘焙新人生。此後更加狂熱的一頭埋入工作室，享受這空間的香氣，鑽研烘焙食品相關行業，求新求變，做出自己喜歡口感的西點產品。

喜歡製作，更樂於分享給好朋友，這些都是我最開心的事。因為烘焙認識很多愛烘焙的友人，我們互相扶持，更願分享交流，也因此認識邱師傅，感恩邱師傅每次都不吝嗇地教我們，讓我們能在老師仔細的教導中，慢慢享受烘焙的奧妙與玄機，也歡迎熱愛烘焙的朋友們加入，讓我們一起為自己做出喜歡的烘焙產品吧～

鍾昆富師傅

依稀記得於 103 年秋節前,初嚐烘焙前輩枝芹學姐,手作的「造型西瓜月餅」。有別於市售月餅,口感不甜不膩,那多層次的幸福手作月餅,讓我念念不忘。以此為契機,加上隔年 9 月國內的食安風暴,我下定決心,在學姐的帶領下一頭栽進烘焙領域中。

待在輪班崗位中的我,時常需要調整生理時差,但卻在烘焙領域中,另闢一條除了假日海上活動休憩外,另一項舒壓的室內管道,更從此讓自己悠遊於「粉」味生活的樂趣之中。

烘焙是門科學,亦是專業

起初懵懂,兢兢業業的操作,總在手忙腳亂中把自己搞得灰頭土臉狼狽不堪,幸運的是我遇到一群「粉」味相投熱情的烘友,在那段困惑的日子中,給予我即刻支援與技術經驗的分享交流,增加我操作時的信心、手感。在同儕邀約鼓勵下,大夥們持續向前,精進深入了解烘焙基礎原理,認真聽講,再加上課後密切交流、反覆練習,融入學理實務的操作手法運用,我們一起進步,也陸續取得技術士證照。

一路走來,深知家人受「糖」所擾,因此總在學習空檔間去詢問老師,關於低糖烘焙的相關問題,為家人更抱持決心,走一條「先少糖、再減醣」的烘焙路。翻閱烘焙科學書籍,從做中學改變產品特性及結構想法,建構控糖、減糖觀念。有著不服輸、不願妥協個性的我,在無數次操作摸索跌撞挫敗下,仍樂在下班後,待在烤箱旁,揮汗反覆實驗;慢慢的從一開始在冰箱翻找食材,到踏

進自家菜園,於栽種的蔬食中找尋創作想法,到最終回歸出生地——洄瀾。

洄瀾這片土地擁有無汙染,好山好水的環境,在秀姑巒溪流域,孕育栽種出優質花東好米及具當地特色的風味蔬果,納入天然抗氧化食材及豐富花青素及超級穀物,結合原型食材於「少糖、低醣」烘焙理念,做出符合家人朋友喜愛的米香風味產品,提升在地農產品另一項食用選擇。

在白色巨塔中,轉眼就過去了 18 個秋天,護理輪值生涯總處在高壓且緊湊繁重的工作壓力中,低運動量的日常,讓我更希望配合飲食保養身體,選擇「低糖、少油、低調味」的產品,順應忙碌的生活步調,減輕無形中透過「食」累積在的身上的代謝負擔。從事護理的「男」丁格爾感觸良多,生命時間有限,很多事不能等,「健康」更不能妥協讓步,切勿到醫生告誡,才驚覺要改變,到時一切都太遲了。照著「少糖、再減醣」步調走,從自己跟家人做起,將生活習慣逐步改變,戒糖後的身體清爽自在,身心精神也更加輕盈。

感謝邱師傅願意讓我跟隨,給我一個從旁學習成長的機會,參與老師第一本書籍編輯撰寫,藉由融入在地食材,將「先少糖、再減醣,而非全面無糖」的觀念帶入書中食譜,分享給讀者們。「輕鬆上手做烘焙,品嚐幸福、少負擔」,更鞭策自己要更努力為家人的健康把關,找出糖友、烘友們易操作上手的低糖、少醣幸福甜點滋味,期盼彼此「饗」瘦健康,享受平凡生活,擁抱專屬自己美好的「食在」人生。

Part 5

熱門糕點

Part 6

★特別收錄：鄉村點心篇

Part 7

★特別收錄：低醣米香風味篇

Part 1

基礎知識篇

● 蛋白的打發

① 若在夏天先將蛋白與鋼盆（或攪拌缸），一起放入冰箱冷藏。

Point

> 步驟用意是確保蛋白在「冷藏」狀態，冷藏狀態的蛋白比較好打發，狀態更穩定。熟練的朋友也可以不冷藏，攪打前確認蛋白溫度就好。
>
> 蛋白打發的最佳穩定溫度為17℃～22℃之間。

②

從冰箱取出蛋白，用電動打蛋器開快速，將蛋白打到微泡泡，加入一半細砂糖。

Point

> 如果沒有預先冰入冷藏，可以在容器底部墊冰水，幫助維持溫度。

③ 打到粗泡泡時，加入剩餘細砂糖、白醋、鹽，繼續攪打到八、九分發。

粗泡泡出現

加入輔助材料

加入輔助材料

狀態：濕性發泡

仔細觀察蛋白霜還是可以看到泡沫的痕跡，整體狀態濕亮，尾端垂墜，此時約六、七分發。

狀態：乾性發泡

現在已經看不到泡沫感了，攪打蛋白霜會留下清楚的痕跡，末端尖挺，此時約八、九分發。

④

最後再用低速檔攪打蛋白霜1分鐘，讓蛋白霜氣泡組織更細緻。

Point

> 在六、七分發（濕性發泡）時，蛋白霜結構尚未穩固，倒著放會很緩慢的流動。當打到八、九分發（乾性發泡）時，就算我們將攪拌缸倒著放也沒關係。此時的蛋白霜進入硬性發泡階段，不會再軟綿綿的隨意流動。

Point

> ※ 打發蛋白的材料、器具絕對不可以沾上「蛋黃、油脂、水分」，只要有一點點，打發都會失敗。
>
> ※ 打蛋白霜一般都用細砂糖，不可以用二砂糖，二砂糖精緻度太低、顆粒較粗，一方面比較不好溶化，另一方面完成的蛋白霜很容易消泡。

操作手法釋義——打入空氣「打發」

● 鮮奶油的打發

攪拌缸放入鮮奶油。
（動物性或植物性鮮
奶油）

裝上球形攪拌器，機
器轉中速攪打。

> *Point*
> 球形可將空氣充
> 分打入鮮奶油中。

慢慢的鮮奶油會從液
體轉換成膨發狀態，
打至六、七分發，表
面尚有水潤質感。

繼續打至八分發，鮮
奶油更顯硬挺。

九分發示意，紋路更
深，明顯與六、七分
發的水潤質感有所差
異。

變成絨毛狀就表示過
發 NG 了，這個狀態
可以加入適量鮮奶油
進行補救，但如果油
水分離了就不可以再
加入鮮奶油囉。

> *Point*
> 打發時可在容器
> 外另外墊一盆冰
> 塊水，或從冰箱
> 取出鮮奶油立刻
> 進行攪打，鮮奶
> 油溫度越低越好
> 打發。

不得不知的操作技法與材料知識

● 輕敲

☞ 入爐前的輕敲：

倒入麵糊時，麵糊間可能有空隙存在，這些空隙會使烤出的產品切面有縫隙；而入爐前的「輕敲」，就是為了震出麵糊內的空氣，讓產品更完美，操作上也可以用竹籤輕畫劃麵糊，具有相同的效果。

☞ 出爐後的輕敲：

出爐後的輕敲是為了「震出產品內的熱氣」，如果沒有做這個動作的話，蛋糕一遇到烤箱外的冷空氣，熱脹冷縮，產品可能出現縮腰、塌陷的狀況。這個步驟一定要在出爐的第一時間做哦！

☞ 輕敲的操作方法：

① 雙手拿起產品。

② 放開，讓產品平行撞擊桌面，震出麵糊中的氣泡。

> **Point**
>
> 入爐與出爐的操作方式是一樣的，唯一需要注意的是出爐的輕敲一定要戴上手套，安全很重要，請大家默念三次~

ⓐ 輕敲模具：

拿起

放開

ⓑ 輕敲烤盤：

拿起

放開

● 隔水加熱

❶

雙手戴上手套，準備一鍋水，中火加熱至表面冒出小泡泡。

❷

放入需要隔水加熱的材料。

❸

用一隻手扶住鍋緣，攪拌至融化均勻、或溫度上升，加熱至想要的程度即可。

● 吉利丁片的使用

❶ 將吉利丁片一片一片泡入冰水，確認上一片完全浸入水分，才泡入下一片。

❷ 泡約 5 分鐘即可，擠乾水分備用。

● 刨皮的方法

❶ 食材洗淨擦乾，常見的食材有檸檬、柳橙。

❷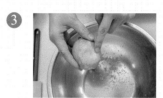

以刨刀小心刨出細屑。

❸

表皮刨完會出現白色組織，刨到這裡就不要刨了，這部分會發苦哦！

Part **2** 🌾

雞蛋糕

巧克力雞蛋糕

無泡打粉雞蛋糕

抹茶雞蛋糕

檸檬雞蛋糕

脆皮雞蛋糕

香蕉雞蛋糕

古早味雞蛋糕

古早味雞蛋糕

本配方是要教大家傳統
銅板美食的基本作法

材料

編按：建議使用
無鋁泡打粉。

名稱	份量	小叮嚀
全蛋	110g	約 2 顆，常溫
低筋麵粉	150g	粉類一起過篩，可避免結顆粒
玉米粉	7g	
泡打粉	7g	
細砂糖	90g	-
無鹽奶油	45g	-
鮮奶	120g	-

❶

先將無鹽奶油隔水融
化備用。

❷

全蛋放入鋼盆內,用
手動打蛋器攪打全蛋,
攪打到稍微變色,至
均勻的狀態。

Point
○ 使用常溫全蛋,
○ 全蛋只要攪散就
○ 好,不可以打發。

❸

加入細砂糖,一次全
下到全蛋液內,必須
立即攪拌均勻。

Point
○ 不可以靜置等
○ 待,避免結顆粒
○ 使口感不佳。

❹

加入融化之無鹽奶油,
繼續攪拌均勻。

❺

加入鮮奶,繼續攪拌
均勻。

❻

將低筋麵粉、玉米粉、
泡打粉一起過篩。將過
篩後之粉類,一起加
入蛋糊內,繼續拌勻。

❼

所有材料全部拌勻後,
蓋上保鮮膜,靜置 30
分鐘。

❽

開雞蛋糕專用烤爐,
上下模具加熱到溫度
150℃ ~200℃,刷上一
層薄薄的奶油。

❾ 倒入麵糊,約模具的
八分滿,蓋上模具。

❿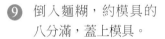

約每 20 秒翻面一次,
烤焙時間:約 3~5 分
鐘(視模具容量大小)。

⓫

香噴噴的雞蛋糕出爐
了。

巧克力雞蛋糕

本配方是要教大家傳統銅板
美食變化巧克力口味的作法

材料

名稱	份量	小叮嚀
全蛋	110g	約 2 顆，常溫
低筋麵粉	140g	粉類一起過篩，可避免結顆粒
可可粉	10g	
玉米粉	7g	
泡打粉	4g	
小蘇打粉	3g	
細砂糖	90g	-
無鹽奶油	45g	-
鮮奶	120g	-

作法

1. 先將無鹽奶油隔水融化備用。

2. 將全蛋放入鋼盆內，用手動打蛋器攪打全蛋，攪打到稍微變色，至均勻的狀態。

   Point

   全蛋要用常溫蛋，全蛋只要攪散就好了，不可以打發。

3. 加入細砂糖，一次全下到全蛋液內，必須立即攪拌均勻。

   Point

   細砂糖加入到全蛋液時，必須馬上攪拌，不可以靜置等待，以免會結顆粒，造成口感不佳。

4. 加入融化之無鹽奶油，繼續攪拌均勻。

5. 加入鮮奶，繼續攪拌均勻。

6. 將低筋麵粉、玉米粉、泡打粉、小蘇打粉、可可粉一起過篩。

7. 將過篩後之粉類，一起加入蛋糊內，用橡皮刮刀以切拌方式繼續拌勻。

8. 所有材料全部拌勻後，蓋上保鮮膜，靜置30 分鐘。

9. 開雞蛋糕專用烤爐，上下模具加熱到溫度150℃ ~200℃，刷上一層薄薄的奶油。

10. 倒入麵糊，約模具的八分滿，蓋上模具。

11. 約每 20 秒翻面一次，烤焙時間：約 3~5 分鐘（視模具容量大小）。

12. 香噴噴的巧克力雞蛋糕出爐了。

抹茶雞蛋糕

本配方是要教大家傳統銅板
美食變化抹茶口味的作法

材料

名稱	份量	小叮嚀
全蛋	110g	約 2 顆，常溫
低筋麵粉	140g	粉類一起過篩，可避免結顆粒
抹茶粉	10g	
玉米粉	7g	
泡打粉	7g	
細砂糖	90g	-
無鹽奶油	45g	-
鮮奶	120g	-

作法

① 先將無鹽奶油隔水融化備用。

② 將全蛋放入鋼盆內，用手動打蛋器攪打全蛋，攪打到稍微變色，亦均勻的狀態。

Point

全蛋要用常溫蛋，全蛋只要攪散就好了，不可以打發。

③ 加入細砂糖，一次全下到全蛋液內，必須立即攪拌均勻。

Point

細砂糖加入到全蛋液時，必須馬上攪拌，不可以靜置等待，以免會結顆粒，造成口感不佳。

④ 加入融化之無鹽奶油，繼續攪拌均勻。

⑤ 加入鮮奶，繼續攪拌均勻。

⑥ 將低筋麵粉、抹茶粉、玉米粉、泡打粉一起過篩。

⑦ 將過篩後之粉類，一起加入蛋糊內，用橡皮刮刀以切拌方式繼續拌勻。

⑧ 所有材料全部拌勻後，蓋上保鮮膜，靜置30 分鐘。

⑨ 開雞蛋糕專用烤爐，上下模具加熱到溫度150℃ ~200℃，刷上一層薄薄的奶油。

⑩ 倒入麵糊，約模具的八分滿，蓋上模具。

⑪ 約每 20 秒翻面一次，烤焙時間：約 3~5分鐘（視模具容量大小）。

⑫ 香噴噴的抹茶雞蛋糕出爐了。

檸檬雞蛋糕

本配方是要教大家傳統銅板
美食變化檸檬口味的作法

材料

名稱	份量	小叮嚀
全蛋	110g	約 2 顆 常溫
低筋麵粉	140g	粉類一起過篩 可避免結顆粒
玉米粉	7g	
泡打粉	7g	
細砂糖	90g	-
無鹽奶油	45g	-
鮮奶	95g	-
檸檬汁	15g	-
檸檬皮屑	適量	刨皮時要避免 刨到白色部分 會苦

作法

① 先將無鹽奶油隔水融化備用。

② 將全蛋放入鋼盆內,用手動打蛋器攪打全蛋,攪打到稍微變色,至均勻的狀態。

Point

全蛋要用常溫蛋,全蛋只要攪散就好了,不可以打發。

③ 加入細砂糖,一次全下到全蛋液內,必須立即攪拌均勻。

Point

細砂糖加入到全蛋液時,必須馬上攪拌,不可以靜置等待,以免會結顆粒,造成口感不佳。

④ 加入融化之無鹽奶油,繼續攪拌均勻。

⑤ 加入鮮奶、檸檬汁,繼續攪拌均勻。

⑥ 將低筋麵粉、玉米粉、泡打粉一起過篩。

⑦ 將過篩後之粉類、檸檬皮屑,一起加入蛋糊內,用橡皮刮刀以切拌方式繼續拌勻。

⑧ 所有材料全部拌勻後,蓋上保鮮膜,靜置30 分鐘。

⑨ 開雞蛋糕專用烤爐,上下模具加熱到溫度150℃ ~200℃,刷上一層薄薄的奶油。

⑩ 倒入麵糊,約模具的八分滿,蓋上模具。

⑪ 約每 20 秒翻面一次,烤焙時間:約 3~5分鐘(視模具容量大小)。

⑫ 香噴噴的檸檬雞蛋糕出爐了。

香蕉雞蛋糕

本配方是要教大家如何運用烤
盤模具、烤箱版的方式烘烤

材料

名稱	份量	小叮嚀
全蛋	110g	約 2 顆，常溫
細砂糖	60g	-
熟香蕉	120g	熟香蕉香氣較夠，也較好操作
低筋麵粉	130g	粉類過篩可避免結粒
玉米粉	10g	
無鹽奶油	60g	-
鮮奶	50g	-

作法

① 預爐：上下火 200℃

② 先將無鹽奶油隔水融化備用。

③ 將全蛋、細砂糖、熟香蕉、放入鋼盆內，一起用電動打蛋器打發，打發到寫字 8 秒內不攤開流動。

④ 加入過篩好的低筋麵粉、玉米粉，用手動打蛋器拌勻。

⑤ 加入融化之無鹽奶油，繼續攪拌均勻。

⑥ 加入鮮奶拌勻，裝入擠花袋備用。

⑦ 在香蕉烤盤模具上，刷上一層薄薄的融化奶油。

⑧ 將蛋糕糊擠入，約九分滿，輕敲，讓大氣泡跑掉。

⑨ 以上下火 200℃、烤約 20~30 分鐘，時間要看爐子的烤焙能力，還有視模具的大小，再來決定真正的烤焙時間。

⑩ 香噴噴的香蕉雞蛋糕上桌了。

脆皮雞蛋糕

本配方是要教大家傳統銅板
美食的脆皮作法

材料

名稱	份量	小叮嚀
全蛋	110g	約 2 顆，常溫
中筋麵粉	140g	粉類一起過篩，可避免結顆粒
玉米粉	7g	
泡打粉	7g	
細砂糖	90g	-
無鹽奶油	45g	-
鮮奶	115g	-
檸檬汁	5g	-

作法

1. 先將無鹽奶油隔水融化備用。

2. 將全蛋放入鋼盆內，用手動打蛋器攪打全蛋，攪打到稍微變色，至均勻的狀態。

   Point

   全蛋要用常溫蛋，全蛋只要攪散就好了，不可以打發。

3. 加入細砂糖，一次全下到全蛋液內，必須立即攪拌均勻。

   Point

   細砂糖加入到全蛋液時，必須馬上攪拌，不可以靜置等待，以免會結顆粒，造成口感不佳。

4. 加入融化之無鹽奶油，繼續攪拌均勻。

5. 加入鮮奶、檸檬汁，繼續攪拌均勻。

6. 將中筋麵粉、玉米粉、泡打粉一起過篩。

7. 將過篩後之粉類，一起加入蛋糊內，用橡皮刮刀以切拌方式繼續拌勻。

8. 所有材料全部拌勻後，蓋上保鮮膜，靜置30 分鐘。

9. 開雞蛋糕專用烤爐，上下模具加熱到溫度150℃ ~200℃，刷上一層薄薄的奶油。

10. 倒入麵糊，約模具的八分滿，蓋上模具。

11. 約每 20 秒翻面一次，烤焙時間：約 3~5 分鐘（視模具容量大小）。

12. 香噴噴的脆皮雞蛋糕出爐了。

無泡打粉雞蛋糕

本配方是要教大家傳統銅板
美食無泡打粉的作法

材料

名稱	份量	小叮嚀
全蛋	220g	常溫
低筋麵粉	140g	粉類一起過篩,可避免結顆粒
玉米粉	10g	
細砂糖	120g	-
鹽	1g	-
無鹽奶油	35g	-
鮮奶	20g	-

作法

1. 準備卡式爐、鯛魚燒模具;無鹽奶油隔水融化,備用。

2. 全蛋打入鋼盆,加入細砂糖、鹽,一起用電動攪拌機,高速攪拌約 15~20 分鐘,攪拌到寫字 8 秒內不攤開流動。

3. 打好後,再改低速攪打 1 分鐘,讓蛋糊氣泡更細膩。(圖 2)

4. 加入過篩低筋麵粉、過篩玉米粉拌勻。

5. 加入融化無鹽奶油、鮮奶拌勻,此步驟需在 1 分鐘內完成。

6. 完成後之麵糊靜置 5 分鐘(冬天靜置 5~8 分鐘,夏天 3~5 分鐘)。

7. 雙手戴上防熱手套,將模具兩面預熱,溫度大約 150℃ ~200℃。

8. 倒入麵糊模具約全滿,立即蓋住密合,翻面烘烤。

Point

注意瓦斯必須調節為小火。

9. 中途適時的翻面,整體烤程大約 3~5 分鐘,烤完用竹籤測試是否熟成,戳入雞蛋糕內麵糊不沾黏即可。

10. 香噴噴的無泡打粉的雞蛋糕上桌了。

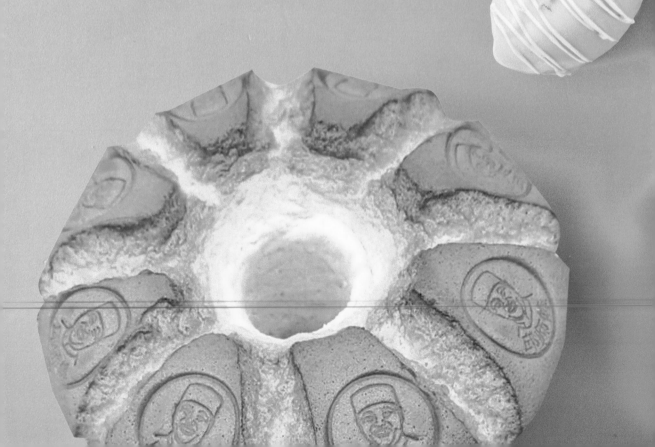

Part 3
蛋糕類

- 波士頓派
- 珍藏蛋糕
- 蛋糕卷
- 私房蛋糕與點心
- 杯子蛋糕
- 磅蛋糕

帕瑪森波士頓派

本配方是戚風蛋糕體的製作方法

（八吋1個）

材料

	名稱	份量	小叮嚀
蛋糕麵糊	蛋黃	54g	-
	細砂糖	23g	-
	芥花油	25g	-
	鮮奶	35g	-
	帕瑪森起司粉	10g	粉類一起過篩，可避免結顆粒
	低筋麵粉	50g	
	泡打粉	2g	
	蛋白	100g	冷藏
	細砂糖	50g	-
	鹽	1g	-
	白醋	1g	-

	名稱	份量	小叮嚀
內餡	植物性鮮奶油	100g	冷藏
	動物性鮮奶油	50g	冷藏
	純糖粉	10g	過篩
裝飾	帕瑪森起司粉	適量	-

作法

① 預爐：上火 170℃、下火 150℃。

> **Point**
> 烤箱如果沒有上下火，可以設定 160℃ 放中下層。

② 準備八吋派盤 1 個。

③ 先將蛋白與鋼盆，一起放入冰箱冷藏。

● 蛋糕麵糊

④

蛋黃用手動打蛋器打散，加入細砂糖拌勻，加入芥花油、鮮奶拌勻。

⑤

將帕瑪森起司粉、低筋麵粉、泡打粉一起過篩，加入蛋糕內繼續拌勻，完成麵糊備用。

⑥ 從冰箱取出蛋白，用電動打蛋器開快速，將蛋白打到微泡泡，加入一半細砂糖。

⑦ 打到粗泡泡時，加入剩餘細砂糖、白醋、鹽、繼續攪打到八、九分發，此為蛋白霜。

⑧

取 1/3 蛋白霜，與麵糊用刮板拌勻，用刮拌的方式拌勻。

⑨ 再將麵糊倒入蛋白霜內，全部拌勻。

⑩ 完成麵糊倒入八吋派盤中，刮勻。

⑪

撒上一層薄薄的帕瑪森起司粉。

⑫ 以上火 170℃、下火 150℃、烤 35~40 分鐘。

⑬

後續再關上下火，拉氣閥、爐口夾手套，燜 5 分鐘後再出爐。

⑭ 出爐前，用竹籤測試有沒有熟。

⑮

出爐後敲一下讓熱氣散出，立即倒扣，倒扣在涼架上，放涼。

● 內餡

⑯ 植物性鮮奶油、動物性鮮奶油、純糖粉，一起打到八分發。

> **Point**
> 注意：使用的器具，最好都是冰的狀態，如果天氣熱，底下要墊冰塊水幫助打發。

● 組合裝飾

⑰ 脫模，蛋糕中間切半，取一片做底，抹上打發內餡，抹時中間隆起是波士頓派的特色，抹完蓋上另一半蛋糕。

Look

水果波士頓派

（八吋 1 個）

本配方主要是要教大家，海綿蛋糕的製作方法，及可搭配各種水果的比例。

	名稱	份量	小叮嚀
蛋糕麵糊	全蛋	160g	常溫
	蛋黃	18g	常溫
	細砂糖	75g	-
	鹽	1g	-
	芥花油	15g	-
	奶水	12g	-
	低筋麵粉	75g	粉類一起過篩可避免結顆粒
	玉米粉	5g	
內餡	植物性鮮奶油	100g	冷藏
	動物性鮮奶油	50g	冷藏
	純糖粉	10g	過篩
	新鮮水果	適量	-
裝飾	防潮糖粉	適量	過篩

作法

① 預爐：上火 170℃、下火 150℃。

> **Point**
>
> 烤箱如果沒有上下火，可以設定 160℃ 放中下層。

② 準備八吋派盤 1 個。

③ 新鮮水果切片，表面用紙巾擦乾，冷藏備用。

● 蛋糕麵糊

④ 全蛋、蛋黃、放入鋼盆內打散。

⑤ 加入細砂糖、鹽，繼續用手動打蛋器攪拌均勻。

⑥ 將蛋糊隔水加熱，邊加熱、邊攪拌，加熱到 40℃ ~45℃。

⑦ 用電動打蛋器打發，打發到蛋糕滴落，可以寫字 8 秒內不攤開流動。

⑧ 低筋麵粉、玉米粉一起過篩，加入蛋糊內，用橡皮刮刀以刮拌的方式攪拌。

⑨ 加入芥花油，以刮拌方式拌勻。

⑩ 加入奶水，以刮拌方式拌勻。

將完成的麵糊倒入八吋派盤中，刮勻。

⑫ 以上火 170℃、下火 150℃、烤 35~40 分鐘。

⑬ 出爐前關上下火，拉氣閥、爐口夾手套，燜 5 分鐘後再出爐。

⑭ 出爐後敲一下讓熱氣散出，立即倒扣，倒扣在涼架上，放涼。

● 內餡

⑮ 植物性鮮奶油、動物性鮮奶油、純糖粉一起打至八分發。

> **Point**
>
> 注意：使用的器具，最好都是冰的狀態，如果天氣熱，底下要墊冰塊水幫助打發。

● 組合裝飾

⑯

脫模，蛋糕中間切半，取一片做底，抹上打發內餡，鋪上新鮮水果，再抹上打發內餡。抹時中間隆起是波士頓派的特色，抹完蓋上另一半蛋糕。

⑰ 篩上一層薄薄的防潮糖粉。

（八吋 1 個）

藍莓波士頓派

本配方是戚風蛋糕體的製作方法

	名稱	份量	小叮嚀
蛋糕麵糊	蛋黃	54g	-
	細砂糖	23g	-
	芥花油	25g	-
	鮮奶	30g	-
	藍莓醬	15g	-
	低筋麵粉	50g	粉類一起過篩可避免結顆粒
	泡打粉	2g	
	蛋白	100g	冷藏
	細砂糖	50g	-
	鹽	1g	-
	白醋	1g	-
內餡	植物性鮮奶油	100g	冷藏
	動物性鮮奶油	30g	冷藏
	藍莓醬	50g	-
裝飾	防潮糖粉	適量	過篩

作法

1 預爐：上火 170℃、下火 150℃。

2 準備八吋派盤 1 個。

3 先將蛋白與鋼盆，一起放入冰箱冷藏。

● 蛋糕麵糊

4 蛋黃用手動打蛋器打散，加入細砂糖拌勻，加入芥花油、鮮奶、藍莓醬拌勻。

5

低筋麵粉、泡打粉一起過篩，加入蛋糕內繼續拌勻，完成麵糊備用。

6 從冰箱取出蛋白，用電動打蛋器開快速，將蛋白打到微泡泡，加入一半細砂糖。

7 打到粗泡泡時，加入剩餘細砂糖、白醋、鹽，繼續攪打到八、九分發，此為蛋白霜。

8

取出 1/3 蛋白霜，與麵糊用刮板攪拌，用刮拌的方式拌勻。

9 再將麵糊倒入蛋白霜內，繼續拌勻。

10

將完成的麵糊倒入八吋派盤中，刮勻。

11 以上火 170℃、下火 150℃、烤 35~40 分鐘。

12 出爐前關上下火，拉氣閥、爐口夾手套，燜 5 分鐘後再出爐。

13

出爐後敲一下讓熱氣散出，立即倒扣，倒扣在涼架上，放涼。

● 內餡

14

植物性鮮奶油、動物性鮮奶油、一起打到八分發，再加入藍莓醬拌勻。

● 組合裝飾

15

脫模，蛋糕中間切半，取一片做底，抹上藍莓鮮奶油，抹時中間隆起是波士頓派的特色，抹完蓋上另一半蛋糕。

16

篩上一層薄薄的防潮糖粉。

（10個）

古早味檸檬蛋糕

本配方是海綿蛋糕的製作方法

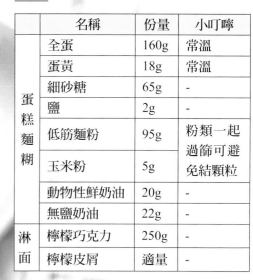

材料

	名稱	份量	小叮嚀
蛋糕麵糊	全蛋	160g	常溫
	蛋黃	18g	常溫
	細砂糖	65g	-
	鹽	2g	-
	低筋麵粉	95g	粉類一起過篩可避免結顆粒
	玉米粉	5g	
	動物性鮮奶油	20g	-
	無鹽奶油	22g	-
淋面	檸檬巧克力	250g	-
	檸檬皮屑	適量	-

作 法

① 預爐：上火 180℃、下火 150℃。

> *Point*
> 烤箱如果沒有上下火，可以設定 165℃ 放中下層。

② 準備 10 個檸檬蛋糕模具，抹上一層薄薄的融化奶油，備用。

● 蛋糕麵糊

③ 無鹽奶油隔水融化備用；全蛋、蛋黃、放入鋼盆內打散。

④
加入細砂糖、鹽，繼續以手動打蛋器拌勻。

⑤
將蛋糊隔水加熱，邊加熱、邊攪拌，加熱到 40℃ ~ 45℃。

⑥
用電動打蛋器打發，打發到蛋糊滴落，可以寫字 8 秒內不攤開流動。

⑦ 轉低速攪打 1 分鐘，讓組織細膩。

⑧
將低筋麵粉、玉米粉一起過篩，加入蛋糊內，用橡皮刮刀以刮拌的方式拌勻。

⑨ 加入融化無鹽奶油、動物性鮮奶油，繼續用橡皮刮刀以刮拌方式拌勻。

⑩
麵糊裝入擠花袋中，分別擠入十個模具中，每個約 30~35g。

⑪ 以上火 180℃、下火 150℃、烤 25~30 分鐘。

⑫ 出爐後敲一下讓熱氣散出，放微涼後脫模。

● 淋面

⑬
檸檬巧克力切小塊，放入鋼盆中，以 60℃ 熱水隔水融化。

● 組合裝飾

⑭

蛋糕用叉子從後方斜斜插入，裹上淋面，置於涼架上，來回擠出閃電形裝飾，撒上檸檬皮屑，立刻送入冷藏，完成。

Look

（八吋 2 個）

老奶奶檸檬蛋糕

本配方是海綿蛋糕的製作方法

	名稱	份量	小叮嚀
蛋糕麵糊	全蛋	265g	常溫
	蛋黃	18g	常溫
	細砂糖	168g	-
	低筋麵粉	168g	粉類一起過篩可避免結顆粒
	玉米粉	16g	
	無鹽奶油	40g	-
	動物性鮮奶油	30g	-
	鹽	1g	-
糖水	細砂糖	70g	-
	水	20g	-
	檸檬汁	40g	-
披覆	糖粉	250g	-
	檸檬汁	50g	-
裝飾	檸檬片	適量	-
	檸檬皮屑	適量	-

作法

① 預爐：上火 180℃、下火 150℃。

> **Point**
> 烤箱如果沒有上下火，可以設定 165℃放中下層。

② 準備八吋活動蛋糕模具 1 個。

● 蛋糕麵糊

③ 無鹽奶油隔水融化備用。

④ 全蛋、蛋黃放入鋼盆內打散，加入細砂糖、鹽、繼續用手動打蛋器拌勻。

⑤ 將蛋糊隔水加熱，邊加熱、邊攪拌，加熱到 40℃ ~45℃。

⑥ 用電動打蛋器打發，打發到蛋糕滴落，可以寫字 8 秒內不攤開流動。

⑦
再低速攪打 1 分鐘，讓組織細膩。

⑧
將低筋麵粉、玉米粉一起過篩，加入蛋糊內拌勻。

⑨
加入融化無鹽奶油、動物性鮮奶油拌勻。

⑩
將攪拌好的麵糊，倒入八吋模具中，輕輕敲幾下，讓大氣泡跑掉。

⑪ 以上火 180℃、下火 150℃、 烤 35~40 分鐘，燜 5 分鐘。

⑫ 出爐後敲一下讓熱氣散出，立即倒扣到涼架上，放涼。

● 糖水

⑬
用小火煮糖水，將細砂糖、水、檸檬汁、一起加熱到溶化。

⑭
用刷子將糖水輕輕拍在蛋糕體上，讓糖水吃進蛋糕內。

● 披覆

⑮

糖粉、檸檬汁、混合均勻，淋在蛋糕體表面。

● 組合裝飾

⑯ 撒上檸檬皮屑，依個人喜好選擇是否放上檸檬片。

> **Point**
> 建議把老奶奶檸檬蛋糕冷藏一夜，冷藏後更好吃哦。

（五吋 3 個）

巧克力爆漿髒髒蛋糕

本配方是戚風蛋糕體的製作方法

材料

	名稱	份量	小叮嚀
蛋糕麵糊	蛋黃	72g	-
	細砂糖	30g	-
	芥花油	30g	-
	熱水	40g	-
	可可粉	15g	粉類一起過篩可避免結顆粒
	奶粉	5g	
	低筋麵粉	65g	粉類一起過篩可避免結顆粒
	泡打粉	2g	
	蛋白	140g	冷藏
	細砂糖	65g	-
	鹽	1g	-
	白醋	2g	-

	名稱	份量	小叮嚀
巧克力醬裝飾	動物性鮮奶油	300g	冷藏
	糖粉	60g	過篩
	苦甜巧克力	200g	-
	防潮可可粉	適量	過篩

作法

① 預爐：上火 180℃、下火 150℃。

> **Point**
> 烤箱如果沒有上下火，可以設定 160℃放中下層。

② 準備五吋活動模3個。

● 蛋糕麵糊

③ 先將蛋白與鋼盆，一起放入冰箱冷藏。

④ 用熱水泡可可粉、奶粉，放涼備用。

⑤

將蛋黃用手動打蛋器打散，加入細砂糖拌勻，加入芥花油、可可糊拌勻。

⑥

將低筋麵粉、泡打粉一起過篩，加入蛋糕內，繼續拌勻，完成麵糊備用。

⑦ 從冰箱取出蛋白，用電動打蛋器開快速，將蛋白打到微泡泡，加入一半細砂糖。

⑧ 打到粗泡泡時，加入剩餘細砂糖、白醋、鹽，繼續攪打到八、九分發，此為蛋白霜。

⑨

取出 1/3 蛋白霜，與麵糊拌勻。

⑩

再將麵糊倒入蛋白霜內，繼續拌勻。

⑪ 將攪拌好的麵糊，分裝到五吋模具中，刮勻。

⑫ 以上火 180℃、下火 150℃、烤30~35分鐘。

⑬ 出爐後敲一下讓熱氣散出，立即倒扣於涼架，放涼。

● 巧克力醬

⑭

將動物性鮮奶油、糖粉一起加熱到65℃，沖入苦甜巧克力中溶化拌勻，接著放涼到35℃，裝入擠花袋內。

> **Point**
> 沖入苦甜巧克力之溫度不可以太高，否則容易造成油水分離現象。

● 組合裝飾

⑮

蛋糕體中間用抹刀插入45度斜角，約3cm深，轉一圈後，擠入適量巧克力醬，（每顆約50g），剩餘的巧克力醬直接擠上蛋糕表面，邊緣形成垂流效果，撒上過篩防潮可可粉。

（五吋 3 個）

海鹽奶蓋蛋糕

本配方是戚風蛋糕體的製作方法

材料

	名稱	份量	小叮嚀
蛋糕麵糊	蛋黃	72g	-
	細砂糖	30g	-
	芥花油	30g	-
	熱水	35g	-
	煉奶	15g	-
	奶粉	5g	-
	低筋麵粉	65g	粉類一起過篩可避免結顆粒
	泡打粉	2g	
	蛋白	140g	冷藏
	細砂糖	65g	-
	鹽	1g	-
	白醋	1g	-

	名稱	份量	小叮嚀
內餡	蛋黃	54g	-
	細砂糖	23g	-
	玉米粉	23g	過篩
	鮮奶	225g	-
	無鹽奶油	15g	-
	奶油乳酪	75g	-
	動物性鮮奶油	75g	-
	細砂糖	15g	-
	海鹽	3g	-
	檸檬汁	8g	-
裝飾	烤熟杏仁片	適量	-
	防潮糖粉	適量	過篩

作法

① 預爐：上火 180℃、下火 150℃。

> **Point**
> 烤箱如果沒有上下火，可以設定 160℃放中下層。

② 準備五吋活動模 3 個。

● 蛋糕麵糊

③ 先將蛋白與鋼盆，一起放入冰箱冷藏。

④ 用熱水泡開煉奶、奶粉，放涼備用。

⑤

蛋黃用手動打蛋器打散，加入細砂糖拌勻，加入芥花油、步驟 4 拌勻。

⑥

將低筋麵粉、泡打粉一起過篩，加入蛋糕內，繼續拌勻，完成麵糊備用。

⑦ 從冰箱取出蛋白，用電動打蛋器開快速，將蛋白打到微泡泡，加入一半細砂糖。

⑧ 打到粗泡泡時，加入剩餘細砂糖、白醋、鹽，繼續攪打到八、九分發，此為蛋白霜。

⑨ 取出 1/3 蛋白霜，與麵糊拌勻。

⑩ 再將麵糊倒入蛋白霜內，繼續拌勻。

⑪ 將攪拌好的麵糊，分裝到五吋模具中刮勻。

⑫ 以上火 180℃、下火 150℃、烤 30~35 分鐘。

⑬ 出爐後敲一下讓熱氣散出，立即倒扣於倒扣架上，放涼。

● 內餡

⑭

蛋黃、細砂糖、過篩玉米粉一起拌勻。

⑮

另外將鮮奶、無鹽奶油、奶油乳酪、動物性鮮奶油、細砂糖、海鹽、檸檬汁一起隔水加熱溶化拌勻，溫度約 60~65℃。

⑯

接著將乳酪糊沖入蛋黃糊內拌勻，再隔水加熱到緩緩滴落之濃稠狀，放涼至微溫後，裝入擠花袋內。

● 組合裝飾

⑰

蛋糕體中間用抹刀插入 45 度斜角，約 3cm 深，轉一圈後，擠入適量內餡（每顆約 50g），剩餘的內餡平均擠上蛋糕表面，邊緣形成垂流效果。

⑱ 撒上烤熟杏仁片，篩上防潮糖粉裝飾。

Look

（烤盤 24×34cm）

黑森林櫻桃蛋糕

本配方是教大家戚風蛋糕
的製作方法

材料

	名稱	份量	小叮嚀
蛋糕麵糊	蛋黃	72g	-
	細砂糖	35g	-
	芥花油	35g	-
	熱水	46g	-
	可可粉	15g	-
	奶粉	6g	-
	低筋麵粉	65g	粉類一起過篩可避免結顆粒
	泡打粉	2g	
	蛋白	140g	冷藏
	細砂糖	72g	-
	鹽	2g	-
	白醋	2g	-

	名稱	份量	小叮嚀
內餡與裝飾	植物性鮮奶油	400g	冷藏
	紅櫻桃	6 顆	-
	切碎紅櫻桃	適量	-
	苦甜巧克力碎片	180g	-
	防潮糖粉	適量	過篩

作法

① 預爐：上火 180℃、下火 140℃。

> *Point*
> 烤箱如果沒有上下火，可以設定 160℃放中下層。

② 準備 24x34cm 烤盤一個，鋪白報紙備用。

● **蛋糕麵糊**

③ 先將蛋白與鋼盆，一起放入冰箱冷藏。

④

用熱水泡開可可粉、奶粉，放涼備用。

⑤

蛋黃打散，加入細砂糖拌勻，加入芥花油、可可糊拌勻。

⑥ 將低筋麵粉、泡打粉一起過篩，加入蛋糊內拌勻，完成麵糊備用。

⑦ 從冰箱取出蛋白，用電動打蛋器開快速，將蛋白打到微泡泡，加入一半細砂糖。

⑧ 打到粗泡泡時，加入剩餘細砂糖、白醋、鹽，繼續攪打到八、九分發，此為蛋白霜。

⑨

取出 1/3 蛋白霜，與麵糊拌勻。

⑩

再將麵糊倒入蛋白霜內，繼續拌勻。

⑪ 將攪拌好的麵糊倒入烤盤中抹平。

⑫ 入烤箱前，敲一下讓大氣泡跑掉，再送入烤箱。

⑬ 以上火 180℃、下火 140℃、烤25~30分鐘。

⑭ 出爐後敲一下讓熱氣散出，立即移到涼架上，放涼。

● **內餡**

⑮ 將植物性鮮奶油打至八、九分發，冷藏備用。

● **組合裝飾**

⑯

放涼之蛋糕體切割 5.5x8cm 大小，抹上鮮奶油，鋪上切碎紅櫻桃，再抹上鮮奶油，疊上蛋糕體，總共疊三層。

⑰

撒上苦甜巧克力碎片，篩適量防潮糖粉，在中間要擠花之處用手指稍微撥開，擠上打發鮮奶油，放上一顆紅櫻桃。

蛋糕卷的實用小技巧

如何才能捲出漂亮的蛋糕卷呢？在這邊分享「捲」的小祕訣給大家，一起來做美美的蛋糕卷吧~

作法

1

出爐的蛋糕體放涼，底部鋪一張白報紙，在要捲的起始處用鋸齒刀平行劃 3~4 刀。

> **Point**
> 這個作法可以幫助一開始「捲」的動作更順暢。

2

均勻抹上餡料，在靠近自己的這端（鋸齒刀切之處）可以保留一點空間不抹、或少抹一點餡料，後續會比較好捲。

> **Point**
> 如果希望中心餡多的話，起始處可以抹多一點；如果新手比較不熟練，建議抹少許就好。

3

取一個紙筒或滾筒（或擀麵棍）反方向捲起白報紙。

4

稍微抬起蛋糕體，一手將紙筒抵住蛋糕體慢慢前推，另一手將前端先壓成 C 字形，與餡料接觸，接著扶住前端，不讓蛋糕體往前位移。

5

可以稍微下壓固定，但不可以太大力，用力過猛餡料會從兩側爆出，利用收紙的方式慢慢捲起蛋糕體，邊捲邊收紙。

6

捲好後將紙筒取出，朝內稍微收緊蛋糕卷，再將白報紙捲起蛋糕體，完成。

7 冷藏（或冷凍）變硬後，以鋸齒刀分切即可。

（烤盤 24×34cm）

颱風瑞士蛋糕卷

本配方是考驗操作者組合的技巧

材料

	名稱	份量	小叮嚀
鮮奶麵糊	蛋黃	108g	-
	細砂糖	62g	-
	芥花油	60g	-
	鮮奶	90g	-
	低筋麵粉	115g	粉類一起過篩可避免結顆粒
	泡打粉	1.5g	
可可麵糊	取鮮奶麵糊	200g	-
	可可粉	10g	過篩
	小蘇打粉	1.5g	
蛋白霜	蛋白	210g	冷藏
	細砂糖	96g	-
	鹽	2g	-
	白醋	2g	-
內餡	無鹽奶油	80g	室溫軟化
	糖粉	20g	過篩
	奶油乳酪	30g	室溫軟化
	動物性鮮奶油	20g	冷藏

作法

① 預爐：上火 180℃、下火 140℃。

Point

烤箱如果沒有上下火，可以設定 160℃放中下層。

② 準備 24x34cm 烤盤一個，鋪白報紙備用。

③ 先將蛋白與鋼盆，一起放入冰箱冷藏。

④ **鮮奶麵糊**：蛋黃用手動打蛋器打散，陸續加入細砂糖、芥花油、鮮奶拌勻。

⑤ 將低筋麵粉過篩，加入蛋糊內，繼續拌勻，完成鮮奶麵糊。

⑥ 取鮮奶麵糊 210g，與過篩泡打粉拌勻。

⑦ **可可麵糊**：另一份鮮奶麵糊加入過篩可可粉、過篩小蘇打粉，一起拌勻。

⑧ **蛋白霜**：從冰箱取出蛋白，用電動打蛋器開快速，將蛋白打到微泡泡，加入一半細砂糖。

⑨ 打到粗泡泡時，加入剩餘細砂糖、白醋、鹽，繼續攪打到八分發。

⑩ 取出 1/2 的蛋白霜，加入鮮奶麵糊內，用橡皮刮刀拌勻，倒入烤盤抹平備用。

⑪ 將剩餘 1/2 的蛋白霜，加入可可麵糊內拌勻，裝入擠花袋內，

⑫ 將可可麵糊平均擠上鮮奶麵糊上方，抹平。

⑬ 擀麵棍插入麵糊中，先前後來回滑動，再左右來回滑動，準備送入烤爐。

Point

當擀麵棍插入麵糊，移動時麵糊間會形成凹槽，可可麵糊會滑入鮮奶麵糊中，如此烤出來就會有颱風感。

⑭ 以上火 180℃、下火 140℃、烤 25~28 分鐘，再燜 3 分鐘。

⑮ 出爐後敲一下讓熱氣散出，立即移到涼架上放涼。

⑯ **內餡**：將無鹽奶油、奶油乳酪、糖粉打發到乳白色，加入動物性鮮奶油打發備用。

⑰ 在放涼之蛋糕體底下鋪上一層反面白報紙，用抹刀塗抹內餡。

⑱ 參考 P.40，用長擀麵棍擀捲，冷藏 20 分鐘後取出切片。

（烤盤 24×34cm）

巧克力木紋蛋糕卷

本配方是在考驗操作者組合的技巧

材料

	名稱	份量	小叮嚀
木紋麵糊	無鹽奶油	35g	室溫軟化
	糖粉	30g	過篩
	蛋白	35g	常溫
	低筋麵粉	32g	粉類一起過篩可避免結顆粒
	可可粉	5g	
內餡	植物性鮮奶油	160g	冷藏
	苦甜巧克力	20g	-

	名稱	份量	小叮嚀
鮮奶麵糊	蛋黃	90g	-
	細砂糖	35g	-
	芥花油	32g	-
	鮮奶	62g	-
	低筋麵粉	82g	粉類一起過篩可避免結顆粒
	泡打粉	2g	
	蛋白	140g	冷藏
	細砂糖	68g	-
	鹽	2g	-
	白醋	2g	-

作法

① 預爐：上火 180℃、下火 140℃。

> *Point*
> 烤箱如果沒有上下火，可以設定 160℃ 放中下層。

② 準備 24x34cm 烤盤一個，鋪烘焙紙備用。

③ 先將鮮奶麵糊之蛋白與鋼盆，一起放入冰箱冷藏。

● **木紋麵糊**

④ 以糖油拌合法，將軟化無鹽奶油、過篩糖粉拌勻（不需打發）。

⑤ 加入蛋白，用手動打蛋器拌勻，拌均勻就可以了，不要打發。

⑥ 加入一起過篩的低筋麵粉、可可粉拌勻。

⑦

倒入烤盤內抹平，用鋸齒刮板，刮出自己喜歡的紋路，連同烤盤立即放入冰箱冷凍。

● **鮮奶麵糊**

⑧ 蛋黃、細砂糖，用手動打蛋器打散均勻。

⑨ 陸續加入芥花油、鮮奶拌勻。

⑩ 將低筋麵粉、泡打粉一起過篩，加入蛋糊內，繼續拌勻，完成鮮奶麵糊。

⑪ 從冰箱取出蛋白，用電動打蛋器開快速，將蛋白打到微泡泡，加入一半細砂糖。

⑫ 打到粗泡泡時，加入剩餘細砂糖、白醋、鹽，繼續攪打到八、九分發，此為蛋白霜。

⑬

取 1/3 的蛋白霜量，加入鮮奶麵糊內拌勻。

⑭

再將鮮奶麵糊，倒入剩餘的蛋白霜中拌勻。

⑮

取出冰箱內的烤盤，倒入完成的鮮奶麵糊，抹平、輕敲一下，讓大氣泡跑掉，送進烤箱。

⑯ 以上火 180℃、下火 140℃、 烤 25~28 分鐘，再燜 3 分鐘。

⑰

出爐後，敲一下讓熱氣散出，立即移到涼架上，放涼。

● **內餡**

⑱ 植物性鮮奶油打至九分發，與隔水加熱融化的苦甜巧克力拌勻。

⑲ 在放涼之蛋糕體底下鋪上一層反面白報紙，用抹刀塗抹內餡。

⑳ 參考 P.40，用長擀麵棍擀捲，冷藏 20 分鐘後取出切片。

Look

（烤盤 24×34cm）

香蕉巧克力蛋糕卷

本配方是要告訴大家，戚風蛋糕卷中
間也可以包裹當季的新鮮水果

材料

	名稱	份量	小叮嚀
蛋糕麵糊	蛋黃	108g	-
	細砂糖	62g	-
	芥花油	60g	-
	鮮奶	90g	-
	可可粉	15g	粉類一起過篩可避免結顆粒
	低筋麵粉	115g	
	泡打粉	3g	
	蛋白	210g	冷藏
	細砂糖	96g	-
	鹽	2g	-
	白醋	3g	-

	名稱	份量	小叮嚀
內餡	植物性鮮奶油	150g	冷藏
	動物性鮮奶油	100g	冷藏
	糖粉	20g	過篩
	香蕉	2條	-

作法

Point

若水果有清洗，
表面必須將水分
擦拭乾淨，防止
過濕容易發霉。

① 預爐：上火 180℃、下火 140℃。

Point

烤箱如果沒有上下火，可以設定 160℃放中下層。

② 準備 24×34cm 烤盤一個，鋪白報紙備用。

● **蛋糕麵糊**

③ 先將蛋白與鋼盆，一起放入冰箱冷藏。

④ 蛋黃用手動打蛋器打散，加入細砂糖、芥花油、鮮奶拌勻。

⑤ 將低筋麵粉、泡打粉、可可粉一起過篩，加入蛋糊內拌勻，完成蛋糕麵糊。

⑥ 從冰箱取出蛋白，用電動打蛋器開快速，將蛋白打到微泡泡，加入一半細砂糖。

⑦ 打到粗泡泡時，加入剩餘細砂糖、白醋、鹽，繼續攪打到八分發，此為蛋白霜。

⑧

取 1/3 的蛋白霜量，加入蛋糕麵糊內，用刮板拌勻。

⑨

再將蛋糕麵糊倒回剩餘的蛋白霜內拌勻，倒入烤盤內，刮板來回刮平。

⑩ 完成後，敲一下讓大氣泡跑掉，送入烤爐。

⑪ 以上火 180℃、下火 140℃、烤 25~28 分鐘、燜 3 分鐘。

⑫ 出爐後，敲一下讓熱氣散出，立即移到涼架上，放涼。

● **內餡**

⑬ 植物性鮮奶油、動物性鮮奶油、過篩糖粉一同打至九分發。

⑭ 在放涼之蛋糕體底下鋪上一層反面白報紙，用抹刀塗抹內餡，在 1/3 處擺設去皮香蕉。

⑮

參考 P.40，用長擀麵棍擀捲，冷藏 20 分鐘後取出切片。

Look

芋泥生乳卷

本配方是要教大家，生乳卷
的製作方法

材料

	名稱	份量	小叮嚀
蛋糕麵糊	蛋黃	108g	-
	細砂糖	62g	-
	芥花油	60g	-
	鮮奶	90g	-
	低筋麵粉	120g	粉類一起過篩可避免結顆粒
	泡打粉	3g	
	蛋白	210g	冷藏
	細砂糖	96g	-
	鹽	2g	-
	白醋	2g	-

	名稱	份量	小叮嚀
內餡	無鹽奶油	260g	室溫軟化
	動物性鮮奶油	40g	冷藏
	糖粉	40g	過篩
	芋頭泥	260g	-

作法

① 預爐：上火 180℃、下火 140℃。

Point

烤箱如果沒有上下火，可以設定 160℃放中下層。

② 準備 24x34cm 烤盤一個，鋪白報紙備用。

③ 先將蛋白與鋼盆，一起放入冰箱冷藏。

● **蛋糕麵糊**

④ 蛋黃用手動打蛋器打散，加入細砂糖、芥花油、鮮奶拌勻。

⑤ 將低筋麵粉、泡打粉一起過篩，加入蛋糕內拌勻，完成麵糊。

⑥ 從冰箱取出蛋白，用電動打蛋器開快速，將蛋白打到微泡泡，加入一半細砂糖。

⑦ 打到粗泡泡時，加入剩餘細砂糖、白醋、鹽，繼續攪打到八分發，此為蛋白霜。

⑧ 取 1/3 的蛋白霜量，加入麵糊內，用橡皮刮刀拌勻。

⑨ 再將 2/3 的蛋白霜量，加入麵糊內，用橡皮刮刀拌勻，直接倒入烤盤刮平，送入烤爐。

⑩ 以上火 180℃、下火 140℃、烤 25～28 分鐘、燜 3 分鐘。

⑪ 出爐後，敲一下讓熱氣散出，立即移到涼架上，放涼。

● **內餡**

⑫

無鹽奶油、過篩糖粉、動物性鮮奶油，用電動打蛋器一起打發，加入芋頭泥、繼續打發備用。

⑬

在放涼之蛋糕體底下鋪上一層反面白報紙，用抹刀塗抹內餡，在 1/3 處塗抹厚一點。

⑭

參考 P.40，用長擀麵棍擀捲，冷藏 20 分鐘後取出切片。

Look

（烤盤 24×34cm）

肉鬆蔥花蛋糕卷

本配方是要教大家，天使蛋
糕的打法，加入其中的變
化，讓蛋糕更豐富

材料

	名稱	份量	小叮嚀
蛋糕麵糊	蛋白	245g	冷藏
	細砂糖	150g	-
	鹽	3g	-
	白醋	3g	-
	低筋麵粉	90g	粉類一起過篩可避免結顆粒
	香草粉	3g	

	名稱	份量	小叮嚀
內餡	美乃滋	200g	-
	肉鬆	100g	-
裝飾	肉鬆	適量	-
	青蔥	適量	-

作法

1 預爐：上火 180℃、下火 140℃。

2 準備 24x34cm 烤盤一個，鋪白報紙備用。

3 先將蛋白與鋼盆，一起放入冰箱冷藏。

4 青蔥洗淨去頭去尾，切成蔥花，瀝乾。

● **蛋糕麵糊**

5 從冰箱取出蛋白，用電動打蛋器開快速，將蛋白打到微泡泡，加入一半細砂糖。

6

打到粗泡泡時，加入剩餘細砂糖、白醋、鹽，繼續攪打到濕性發泡，約七分發即可，此為蛋白霜。

7

加入一起過篩的低筋麵粉、香草粉拌勻。

8

將完成的蛋糕麵糊倒入烤盤內，用刮板刮平，上面撒上適量的肉鬆及蔥花。

9

入爐前，敲一下讓大氣泡跑掉。

10 以上火 180℃、下火 140℃、烤25~28分鐘。

11 出爐後，敲一下讓熱氣散出，立即移到涼架上，放涼。

● **內餡**

12 準備市售的美乃滋及肉鬆備用。

13

在放涼之蛋糕體底下鋪上一層反面白報紙，擠上美乃滋、撒上肉鬆。

14

參考 P.40，用長擀麵棍擀捲，冰到冷藏 20 分鐘後，取出切片。

（烤盤 24×34cm）

芒果奶凍蛋糕卷

本配方是要教大家，奶凍的
製作方法

材料

	名稱	份量	小叮嚀
蛋糕麵糊	蛋黃	90g	-
	細砂糖	36g	-
	低筋麵粉	90g	粉類一起過篩可避免結顆粒
	泡打粉	3g	
	奶粉	6g	
	芒果泥	90g	-
	芥花油	38g	-
	蛋白	175g	冷藏
	細砂糖	80g	-
	鹽	2g	-
	白醋	2g	-

	名稱	份量	小叮嚀
內餡	植物性鮮奶油	150g	冷藏
	動物性鮮奶油	80g	冷藏
	糖粉	30g	過篩
芒果奶凍	芒果泥	200g	-
	細砂糖	60g	-
	鮮奶	150g	-
	吉利 T 粉	12g	-

作法

① 預爐：上火 180℃、下火 140℃。

② 準備 24x34cm 烤盤一個，鋪白報紙備用。

● 芒果奶凍

③ 首先將鮮奶、細砂糖、吉利 T 粉攪拌均勻，煮到沸騰約 90~100℃。

④ 待降溫至 50℃後，加入芒果泥拌勻。

⑤ 稍微放涼後，倒入 2x2cm 的模型內，冰到冷凍備用。

● 蛋糕麵糊

⑥ 將蛋白與鋼盆，一起放入冰箱冷藏備用。

⑦ 蛋黃用手動打蛋器打散，加入細砂糖拌勻，加入芥花油拌勻，加入芒果泥拌勻。

⑧ 低筋麵粉、泡打粉、奶粉一起過篩，加入蛋糕內繼續拌勻，完成蛋糕麵糊。

⑨ 從冰箱取出蛋白，用電動打蛋器開快速，將蛋白打到微泡泡，加入一半細砂糖。

⑩ 打到粗泡泡時，加入剩餘細砂糖、白醋、鹽，繼續攪打到八分發，此為蛋白霜。

⑪ 取出 1/3 的蛋白霜量，加入蛋糕麵糊內，用橡皮刮刀拌勻。

⑫ 再將 2/3 的蛋白霜量，加入蛋糕麵糊內，用刮板拌勻，直接倒入烤盤內刮平。

⑬ 入爐前，敲一下讓大氣泡跑掉，送入烤爐。

⑭ 以上火 180℃、下火 140℃、烤 25~28 分鐘、燜 3 分鐘。

⑮ 出爐後，敲一下讓熱氣散出，立即移到涼架上，放涼。

● 內餡

⑯ 植物性鮮奶油、動物性鮮奶油、糖粉、打發備用。

⑰ 在放涼之蛋糕體底下鋪上一層反面白報紙，用抹刀塗抹內餡，在 1/3 處擺設芒果奶凍，再抹上打發內餡。

⑱ 參考 P.40，用長擀麵棍擀捲，冷藏 20 分鐘後取出切片。

（烤盤 24×34cm）

巧克力奶凍蛋糕卷

本配方是要教大家，奶凍的製作方法

材料

	名稱	份量	小叮嚀
蛋糕麵糊	蛋黃	90g	-
	細砂糖	36g	-
	低筋麵粉	95g	粉類一起過篩可避免結顆粒
	泡打粉	3g	
	奶粉	6g	
	可可粉	15g	-
	熱水	80g	-
	芥花油	38g	-
	蛋白	175g	冷藏
	細砂糖	80g	-
	鹽	2g	-
	白醋	2g	-

	名稱	份量	小叮嚀
內餡	植物性鮮奶油	150g	冷藏
	動物性鮮奶油	80g	冷藏
	糖粉	30g	過篩
巧克力奶凍	可可粉	15g	-
	細砂糖	60g	-
	鮮奶	150g	-
	動物性鮮奶油	100g	-
	吉利T粉	12g	-

作 法

① 預爐：上火 180℃、下火 140℃。

> **Point**
> 烤箱如果沒有上下火，可以設定 160℃放中下層。

② 準備 24x34cm 烤盤一個，鋪白報紙備用。

● **巧克力奶凍**

③

可可粉、鮮奶、細砂糖、吉利T粉、動物性鮮奶油一同拌勻，煮到沸騰約 90~100℃。

④ 降溫至 50℃ 稍微放涼，裝入五斤袋中，放入 2x2 ㎝的模型內，冰到冷凍備用。

● **蛋糕麵糊**

⑤ 熱水、奶粉、可可粉一起拌勻放涼。

⑥ 將蛋白與鋼盆，一起放入冰箱冷藏備用。

⑦

蛋黃用手動打蛋器打散，加入細砂糖、芥花油、可可糊拌勻。

⑧

低筋麵粉、泡打粉一起過篩，加入蛋糊內拌勻，完成蛋糕麵糊。

⑨ 從冰箱取出蛋白，用電動打蛋器開快速，將蛋白打到微泡泡，加入一半細砂糖。

⑩ 打到粗泡泡時，加入剩餘細砂糖、白醋、鹽，繼續攪打到八分發，此為蛋白霜。

⑪

取出 1/3 的蛋白霜量，加入蛋糕麵糊內拌勻。

⑫

再將拌勻的蛋糕麵糊，加入剩餘的蛋白霜內，用刮板拌勻，直接倒入烤盤內刮平。

⑬ 入爐前，敲一下讓大氣泡跑掉，送入烤爐。

⑭ 以上火 180℃、下火 140℃、烤 25~28 分鐘、燜 3 分鐘。

⑮ 出爐後，敲一下讓熱氣散出，立即移到涼架上，放涼。

● **內餡**

⑯ 植物性鮮奶油、動物性鮮奶油、糖粉、打發備用。

⑰

將放涼之蛋糕體鋪上一層白報紙翻面，用抹刀塗抹一層內餡，在 1/3 處擺設巧克力奶凍，再抹上打發內餡。

⑱ 參考 P.40，用長擀麵棍擀捲，冷藏 20 分鐘後取出切片。

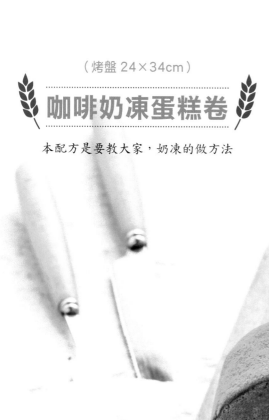

（烤盤 24×34cm）

咖啡奶凍蛋糕卷

本配方是要教大家，奶凍的做方法

材料

	名稱	份量	小叮嚀
蛋糕麵糊	蛋黃	90g	-
	細砂糖	36g	-
	低筋麵粉	95g	粉類一起過篩可避免結顆粒
	泡打粉	3g	
	奶粉	6g	-
	咖啡粉	15g	-
	熱水	80g	
	芥花油	38g	-
	蛋白	175g	冷藏
	細砂糖	80g	-
	鹽	2g	-
	白醋	2g	-

	名稱	份量	小叮嚀
內餡	植物性鮮奶油	150g	冷藏
	動物性鮮奶油	80g	冷藏
	糖粉	30g	過篩
咖啡奶凍	咖啡粉	15g	-
	細砂糖	60g	-
	鮮奶	150g	-
	動物性鮮奶油	100g	-
	吉利T粉	12g	-

作法

① 預爐：上火 180℃、下火 140℃。

> *Point*
>
> 烤箱如果沒有上下火，可以設定 160℃放中下層。

② 準備 24x34cm 烤盤一個，鋪白報紙備用。

● **咖啡奶凍**

③

首先將咖啡粉、鮮奶、細砂糖、吉利 T 粉、動物性鮮奶油、攪拌均勻，煮到沸騰，約 90~100℃。

④ 降溫至 50℃ 稍微放涼，裝入五斤袋中，放入 2x2cm 的模型內，冰到冷凍備用。

● **蛋糕麵糊**

⑤ 熱水、奶粉、咖啡粉一起拌勻放涼。

⑥ 將蛋白與鋼盆，一起放入冰箱冷藏備用。

⑦

蛋黃用手動打蛋器打散，陸續加入細砂糖、芥花油、咖啡糊拌勻。

⑧

低筋麵粉、泡打粉一起過篩，加入蛋糕內拌勻，完成蛋糕麵糊。

⑨ 從冰箱取出蛋白，用電動打蛋器開快速，將蛋白打到微泡泡，加入一半細砂糖。

⑩ 打到粗泡泡時，加入剩餘細砂糖、白醋、鹽，繼續攪打到八分發，此為蛋白霜。

⑪

取出 1/3 的蛋白霜量，加入蛋糕麵糊內，用刮板拌勻。

⑫

再將剩餘的蛋白霜加入蛋糕麵糊內，用刮板拌勻，直接倒入烤盤內刮平。

⑬ 入爐前，敲一下讓大氣泡跑掉，送入烤爐。

⑭ 以上火 180℃、下火 140℃、烤 25~28 分鐘、燜 3 分鐘。

⑮ 出爐後，敲一下讓熱氣散出，立即移到涼架上，放涼。

● **內餡**

⑯ 將植物性鮮奶油、動物性鮮奶油、過篩糖粉、打發備用。

⑰

在放涼之蛋糕體底下鋪上一層反面白報紙，用抹刀塗抹內餡，在 1/3 處擺設咖啡奶凍，再抹上打發內餡。

⑱ 參考 P.40，用長擀麵棍擀捲，冷藏 20 分鐘後取出切片。

（烤盤 24×34cm）

古早味起司蛋糕

本配方是要教大家，如何擺設起司片及組合方式

材料

	名稱	份量	小叮嚀
蛋糕麵糊	蛋黃	145g	常溫
	細砂糖	85g	-
	芥花油	75g	-
	鮮奶	105g	-
	低筋麵粉	150g	粉類一起過篩可避免結顆粒
	泡打粉	4g	
	蛋白	280g	冷藏
	細砂糖	125g	-
	鹽	2g	-
	白醋	3g	-

	名稱	份量	小叮嚀
內餡	市售起司片	9片	-
裝飾	起司粉	適量	

作法

① 預爐：上火 170℃、下火 140℃。

> *Point*
>
> 烤箱如果沒有上下火，可以設定 160℃放中下層。

② 準備 24x34cm 烤盤一個，鋪白報紙備用。

● **蛋糕麵糊**

③ 將蛋白與鋼盆，一起放入冰箱冷藏。

④ 蛋黃用手動打蛋器打散，加入細砂糖、芥花油、鮮奶拌勻。

⑤ 低筋麵粉、泡打粉一起過篩，加入蛋糊內拌勻，完成蛋糕麵糊。

⑥ 從冰箱取出蛋白，用電動打蛋器開快速，將蛋白打到微泡泡，加入一半細砂糖。

⑦ 打到粗泡泡時，加入剩餘細砂糖、白醋、鹽，繼續攪打到八分發，此為蛋白霜。

⑧ 取出 1/3 的蛋白霜量，加入蛋糕麵糊內，用橡皮刮刀拌勻。

⑨ 再將 2/3 的蛋白霜量，加入蛋糕麵糊內，用橡皮刮刀拌勻。

⑩

蛋糕麵糊完成後，烤盤內先倒入 1/2 的量，鋪平。

⑪

將起司片以疊磚塊的方式，平鋪在蛋糕糊上。

⑫

再將剩餘之蛋糕糊倒入鋪平，表面撒上適量的起司粉，送入烤爐。

⑬ 以上火 170℃、下火 140℃、 烤 30~35 分鐘、燜 5 分鐘。

⑭

出爐後，敲一下讓熱氣散出，立即移到涼架上，稍微放涼。

⑮

在尚有微微的溫度時，切 5x10cm 大小食用。微溫時享用，會有起司游動的感覺喔！

Look

（八吋中心活動模 1 個）

香橙蛋糕

本配方是採用半燙麵法，運用燙
麵，讓蛋糕體更保濕柔軟

材料

名稱	份量	小叮嚀
全蛋	50g	-
蛋黃	108g	-
芥花油	50g	-
柳橙汁	72g	-
細砂糖（A）	40g	-
鹽（A）	1g	-

低筋麵粉	100g	過篩
蛋白	210g	冷藏
細砂糖（B）	100g	-
鹽（B）	1g	-
白醋	2g	-
柳橙皮屑	適量	-

作法

① 預爐：上火 170℃、下火 150℃。

> **Point**
> 烤箱如果沒有上下火，可以設定 165℃放中下層。

② 準備八吋中心活動模 1 個。

③ 刨柳橙皮屑，注意不要刨到白肉部分，會變苦。

④ 擠柳橙汁備用。

⑤ 先將蛋白與鋼盆（或攪拌缸），一起放入冰箱冷藏。

⑥

芥花油、柳橙汁、細砂糖（A）、鹽（A）放入鋼盆，小火加熱。

⑦

加熱到有微微的紋路，大約 65℃關火，加入過篩的低筋麵粉，迅速拌勻。

⑧

分次加入全蛋、蛋黃、柳橙皮屑拌勻,形成麵糊。

⑨

從冰箱取出蛋白,用電動打蛋器開中速,將蛋白打到微泡泡,加入一半細砂糖(B)。

⑩

打到粗泡泡時,加入剩餘細砂糖(B)、白醋、鹽(B),繼續攪打到八分發。

⑪ 再用低速檔攪打蛋白霜1分鐘,讓蛋白霜氣泡組織更細緻。

⑫

取出1/3的蛋白霜量,加入麵糊內,用刮板拌勻。

⑬

將麵糊倒入剩餘的蛋白霜內,拌勻。

⑭

把完成的蛋糕麵糊倒
入八吋中心活動模具
中，用竹籤畫線消除
大氣泡，抹平、再輕
敲一下，讓大氣泡跑
掉，送進烤箱。

⑮ 以上火 170 ℃、下火
150 ℃、烤 20 分鐘；
戴上手套取出蛋糕，
在表面劃線。

⑯ 再烤 20~25 分鐘、燜 5
分鐘。

⑰

出爐後，敲一下讓熱
氣散出，立即移到涼
架上，倒扣、放涼。

⑱

放涼脫膜，準備壓模，
雙手戴上手套，將烙
印模適當加熱，印上
蛋糕表面。

Point

烙印模加熱時間
要適當，加熱不
足，轉印顏色太
淺；加熱太過，
轉印顏色太深，
並且也容易產生
焦苦味。

Look

（橢圓形固定模 2 個）

輕乳酪蛋糕

本配方是使用燙麵加水浴的
製作方法

材料

	名稱	份量	小叮嚀
乳酪麵糊	奶油乳酪	180g	-
	無鹽奶油	40g	-
	鮮奶	90g	-
	動物性鮮奶油	70g	-
	蛋黃	90g	-
	低筋麵粉	65g	粉類一起過篩可避免結顆粒
	玉米粉	20g	
	蛋白	175g	冷藏
	細砂糖	100g	-
	鹽	2g	-
	檸檬汁	5g	-

	名稱	份量	小叮嚀
鏡面果膠	水	100g	-
	細砂糖	20g	-
	吉利T粉	5g	-

作法

① 預爐：上火 220℃、下火 150℃。

> *Point*
> 烤箱如果沒有上下火，可以設定 185℃放中下層。

② 準備橢圓形固定模 2 個，內部全部抹一層奶油，底部鋪裁切好的白報紙備用。

● **乳酪麵糊**

③

奶油乳酪、無鹽奶油、鮮奶、動物性鮮奶油隔水加熱，一邊加熱，一邊攪拌，拌至溶合均勻，溫度注意不要太高，大約控制在 60~65℃。

④

燙麵法，趁熱加入一起過篩的低筋麵粉、玉米粉，迅速攪拌均勻。

5

蛋黃加入乳酪麵糊內，
迅速攪拌均勻。

6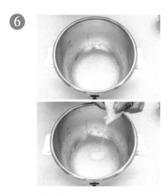

從冰箱取出蛋白，用
電動打蛋器開快速，
將蛋白打到微泡泡，
加入一半細砂糖。

7

打到粗泡泡時，加入
剩餘細砂糖、檸檬汁、
鹽，繼續攪打到六分
發（濕性發泡）。

8

取出 1/3 的蛋白霜量，
加入蛋糕麵糊內拌勻。

9

再將 2/3 的蛋白霜量，
加入蛋糕麵糊內，用
橡皮刮刀拌勻。

10

平均倒入烤模內刮平，
每個約 350g。

11 入爐前敲一下烤模，
震出大氣泡，底部墊深
烤盤，深烤盤內裝入
1cm 高的冷水（水浴
法），完成後入烤爐。

12 以上火 220℃、下火
150℃、烤 20 分鐘。

⑬ 20分鐘後，爐溫調降，再以上火 150℃、下火 120℃、烤 50~60分鐘，爐門夾棉紗手套。

⑭

出爐後，敲一下讓熱氣散出。

⑯

再用涼架蓋住輕乳酪蛋糕，瞬間翻轉，表面趁熱刷上鏡面果膠。

● 鏡面果膠

⑰ 將水、細砂糖、吉利T粉一起拌勻，煮沸到約 80℃。

⑱ 完成後，稍微放涼，立即冰到冷藏 1 小時，即可食用。

⑮

雙手戴上手套，瓷盤蓋住模具，將模具瞬間翻轉，脫模。

（布丁杯 12 個）

輕乳酪雞蛋布丁

本配方是教大家，煮焦糖、雞蛋
布丁、乳酪蛋糕，各項的製作方
法及組合方法

材料

	名稱	份量	小叮嚀
焦糖液	細砂糖	60g	-
	水	10g	-
	水	20g	-
布丁液	鮮奶	300g	-
	動物性鮮奶油	80g	-
	細砂糖	60g	-
	香草粉	3g	-
	全蛋	165g	-
	蛋黃	54g	-

	名稱	份量	小叮嚀
乳酪糊	奶油乳酪	100g	-
	無鹽奶油	30g	-
	鮮奶	40g	-
	動物性鮮奶油	40g	-
	蛋黃	36g	-
	低筋麵粉	25g	粉類一起過篩可避免結顆粒
	玉米粉	5g	
	蛋白	70g	-
	細砂糖	45g	-
	鹽	2g	-
	檸檬汁	8g	-

作法

① 預爐：上火 180℃、下火 140℃。

> *Point*
> 烤箱如果沒有上下火就設定 160℃放中下層。

② 準備 12 個布丁專用模（杯）備用。

● **焦糖液**

③ 先將細砂糖與 10g 水倒入煮鍋內，攪拌均勻。

④ 以直火加熱至焦糖產生，再慢慢地加入 20g 水調濃稠度。

> *Point*
> 煮焦糖時不可以去翻動糖水，以免反砂結晶化。

⑤ 將煮好的焦糖，用湯匙舀進布丁杯，備用。

● **布丁液**

⑥ 將全蛋、蛋黃、一起放入鋼盆內，用手動打蛋器打散。

⑦
將鮮奶、動物性鮮奶油、細砂糖、香草粉、放入煮鍋內一起煮，須邊煮邊攪拌，煮至溶化即可，不可以煮沸，再慢慢的倒入蛋液內拌勻。

⑧
過篩布丁液，平均倒入布丁杯內備用。

● **乳酪糊**

⑨ 奶油乳酪、無鹽奶油、鮮奶、動物性鮮奶油隔水加熱到溶合均勻，溫度注意不要太高，大約控制在 60~65℃。

⑩ 燙麵法，趁熱加入一起過篩的低筋麵粉、玉米粉拌勻。

⑪

⑫
加入蛋黃拌勻。

⑬ 從冰箱取出蛋白，用電動打蛋器開快速，將蛋白打到微泡泡，加入一半細砂糖。

⑭ 打到粗泡泡時，加入剩餘細砂糖、鹽、檸檬汁，繼續攪打到六分發（濕性發泡）。

⑮ 取出 1/3 的蛋白霜量，加入乳酪糊內拌勻。

⑯ 再將 2/3 的蛋白霜量，加乳酪糊內拌勻。

⑰
平均倒入布丁杯。

⑱ 入爐前，布丁杯底部墊深烤盤，深烤盤內注入 1cm 高的冷水（水浴法），完成後送入烤爐。

⑲ 以上火 180℃、下火 140℃、烤 35~40 分鐘，燜五分鐘。

⑳ 出爐後，放在涼架上稍微放涼，接著冷藏 2 小時以上，即可食用。

（透明布丁杯 9 個）

 # 鳳梨果凍布丁

本配方是教大家果凍的製作方法

材料

	名稱	份量	小叮嚀
鳳梨凍液	鳳梨汁	500g	-
	細砂糖	60g	-
	水	400g	-
	吉利 T 粉	25g	-
裝飾	鳳梨丁	適量	-

Look

作法

 準備透明布丁杯備用。

細砂糖、水、吉利 T 粉放入煮鍋內混合均勻,加熱。

加熱到細砂糖及吉利 T 粉溶化,溫度大約 85℃。

立即倒入鳳梨汁,迅速攪拌均勻。

分裝到透明布丁杯內,每個約八分滿。

表面以保鮮膜封起,冷藏約 20 分鐘,凝固即可取出。

鋪上切好的鳳梨丁,完成~

（塑膠盒 1 個，約可裝 800g）

芒果慕斯寶盒

本配方是教大家水果慕斯的製作方法

材料

	名稱	份量	小叮嚀
慕斯體	細砂糖	30g	-
	鮮奶	40g	-
	吉利丁片	10g	泡冰水5分鐘
	芒果泥	100g	-
	動物性鮮奶油	200g	冷藏
裝飾	芒果丁	400g	-

作法

❶

準備透明餅乾盒,裝入芒果丁備用。

❷

吉利丁片泡入冰水中軟化,注意要一片一片泡入,確認上一片完全浸入水分,才泡入下一片。

❸ 大約泡5分鐘泡軟吉利丁片,取出,擠乾水分備用。

❹

❺
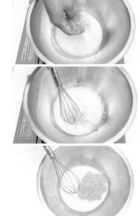
細砂糖、鮮奶放入煮鍋內混勻,加熱到細砂糖溶化。

接著降溫到約50~55℃,加入擠乾水分的吉利丁片拌勻,加入芒果泥拌勻。

> **Point**
> 務必拌至吉利丁片溶化,如果沒有均勻溶化,未溶化的地方會結塊。

❻ 動物性鮮奶油打至七分發、有呈現紋路時。

❼

分次將步驟5、步驟6用橡皮刮刀混合拌勻。

❽

倒入餅乾盒。

❾

放入冷藏約2小時,待慕斯體凝結,鋪上芒果丁即可享用。

（布丁杯 24 個）

乳酪慕斯果凍蛋糕

本配方是教大家製作果汁
慕斯的方法

材料

	名稱	份量	小叮嚀
蛋糕體	老奶奶檸檬蛋糕體	蛋糕體 1 盤	P.32~33
乳酪慕斯	奶油乳酪	100g	-
	動物性鮮奶油	80g	-
	細砂糖	30g	-
	蛋黃	18g	常溫
	檸檬汁	6g	-
	吉利丁片	4g	泡冰水 5 分鐘
	植物性鮮奶油	150g	冷藏

	名稱	份量	小叮嚀
果凍液	新鮮果汁	350g	-
	水	280g	-
	細砂糖	80g	-
	吉利 T 粉	18g	-

作 法

① 準備24個布丁杯備用。

② 將老奶奶檸檬蛋糕的蛋糕體，從側邊 1.3cm 處切薄片，約切出 4 片。

③ 用布丁杯之杯口，在每片蛋糕上，壓模 6 個圓形，共可壓出 24 個圓片。

● 果凍液

④

水、細砂糖、吉利 T 粉放入煮鍋內混合均勻，加熱到細砂糖與吉利 T 粉溶化，溫度大約 85℃。

⑤

加入新鮮果汁，各種現打的果汁都可以。

⑥

將果凍液稍微放涼，分裝到布丁杯中，每個裝約 30g。

⑦ 以保鮮膜封起，冷藏至成形（約 20 分鐘）備用。

● 乳酪慕斯

⑧ 吉利丁片一片一片泡冰水軟化，泡約 5 分鐘，擠乾水分備用。

⑨

奶油乳酪、動物性鮮奶油、細砂糖隔水加熱拌勻。

⑩

關火，依序加入蛋黃、吉利丁片、檸檬汁拌勻。

⑪

降溫到不燙手的程度，加入打至八分發的植物性鮮奶油拌勻，裝入擠花袋。

⑫

此時取出冷藏成形的果凍液布丁杯，放上老奶奶檸檬蛋糕圓片，每杯注入約 15g 乳酪慕斯。

⑬ 放入冷藏約 2 小時，冷藏至成形就完成了～

（布丁杯 24 個）

巧克力慕斯果凍蛋糕

本配方是教大家製作果汁、巧克力慕斯的方法

材料

	名稱	份量	小叮嚀
蛋糕體	老奶奶檸檬蛋糕體	蛋糕體 1 盤	P.32~33
巧克力慕斯	動物性鮮奶油	100g	-
	苦甜巧克力	60g	-
	蛋黃	18g	-
	蘭姆酒	3g	-
	植物性鮮奶油	100g	冷藏

	名稱	份量	小叮嚀
果凍液	新鮮果汁	350g	-
	水	280g	-
	細砂糖	80g	-
	吉利 T 粉	18g	-

作法

① 準備24個布丁杯備用。

② 將老奶奶檸檬蛋糕的蛋糕體,從側邊 1.3cm 處切薄片,約切出 4 片。

③ 用布丁杯之杯口,在每片蛋糕上,壓模 6 個圓形,共可壓出 24 個圓片。

● 果凍液

④

水、細砂糖、吉利 T 粉放入煮鍋內混合均勻,加熱到細砂糖與吉利 T 粉溶化,溫度大約 85℃。

⑤

加入新鮮果汁,各種現打的果汁都可以。

⑥

將果凍液稍微放涼,分裝到布丁杯中,每個裝約 30g。

⑦ 以保鮮膜封起,冷藏至成形(約 20 分鐘)備用。

● 巧克力慕斯

⑧ 動物性鮮奶油、蘭姆酒放入煮鍋內拌勻。

⑨

加熱到 75℃ 後,關火,加入苦甜巧克力拌勻,拌至巧克力確實溶化。加入蛋黃拌勻,降溫備用。

⑩

降溫到不燙手的程度,加入打至八分發的植物性鮮奶油拌勻,裝入擠花袋。

⑪

此時取出冷藏成形的果凍液布丁杯,放上老奶奶檸檬蛋糕圓片,每杯注入約 10~12g 巧克力慕斯。

⑫ 放入冷藏約 2 小時,冷藏至成形就完成了~

Look

（杯子蛋糕 12 個）

戀煉杯子蛋糕

本配方是要教大家，燙麵法＋多
段式戚風杯子蛋糕的製作方法

材料

	名稱	份量	小叮嚀
蛋糕麵糊	全蛋	50g	常溫
	蛋黃	54g	常溫
	芥花油	40g	-
	低筋麵粉	55g	過篩
	煉乳	30g	-
	蛋白	105g	冷藏
	細砂糖	35g	-
	鹽	1g	-
	白醋	1g	-

作 法

① 預爐：上下火 110℃。

② 準備 12 個蛋糕杯子。

③
先將芥花油加熱至 80～90℃，有明顯油紋時。

④
加入過篩低筋麵粉，用耐熱刮刀拌勻。

⑤
加入煉乳拌勻及降溫。

⑥
加入全蛋、蛋黃，拌勻即完成蛋糕麵糊。

⑦
乾淨鋼盆放入蛋白，用電動打蛋器開最慢速打發，打到微泡泡時，加入細砂糖、鹽、白醋，打至七分發，濕性發泡。

⑧
取出 1/3 的蛋白霜量，加入蛋糕麵糊內，用橡皮刮刀拌勻。

⑨
再將蛋糕麵糊倒入剩餘的蛋白霜中，用橡皮刮刀拌勻。

⑩
平均裝入蛋糕杯子內，每杯擠約七分滿。

⑪ 用竹籤攪拌，消除大氣報，輕敲入爐。

⑫ 以上下火 110℃、烤 40 分鐘。

⑬ 再以上下火 130℃、烤 25 分鐘。

⑭ 再以上下火 150℃、烤 15 分鐘。

⑮ 出爐前，爐門夾棉紗手套，燜 3 分鐘。

⑯
出爐後，敲一下讓熱氣散出，立即移到涼架上，放涼。

⑰ 完成後壓模，雙手戴上手套，將烙印模適當加熱，印上杯子蛋糕表面。

Point

烙印模加熱時間要適當，加熱不足，轉印顏色太淺；加熱太過，轉印顏色太深，並且也容易產生焦苦味。

（杯子蛋糕 8 個）

鮮果海綿杯子蛋糕

本配方主要是要教大家，分蛋法的
海綿蛋糕製作方法，及可搭配各種
新鮮水果的比例

材料

	名稱	份量	小叮嚀
蛋糕麵糊	蛋黃	72g	常溫
	細砂糖	20g	-
	蛋白	105g	冷藏
	細砂糖	60g	-
	鹽	2g	-
	白醋	2g	-
	無鹽奶油	18g	-
	奶水	16g	-
	低筋麵粉	80g	過篩
	玉米粉	8g	過篩

	名稱	份量	小叮嚀
內餡	植物性鮮奶油	200g	冷藏
	動物性鮮奶油	80g	冷藏
	純糖粉	20g	過篩
裝飾	新鮮水果	100g	-

作法

① 預爐：上火 180℃、下火 140℃。

② 準備 8 個蛋糕杯子。

③ 新鮮水果切薄片，表面用紙巾擦乾，冷藏備用。

● **蛋糕麵糊**

④ 無鹽奶油、奶水隔熱水融化到液態狀，保溫備用。

⑤

鋼盆放入蛋黃、細砂糖，用電動打蛋器打發，打到乳白色備用。

⑥ 乾淨鋼盆放入蛋白，用電動打蛋器開快速打發，打到微泡泡時，加入一半細砂糖。

⑦

繼續打到呈現粗泡泡，加入剩餘細砂糖、白醋、鹽，打至八分發。

⑧

將蛋黃糊加入蛋白霜內，用刮板拌勻。

⑨

加入過篩低筋麵粉、過篩玉米粉拌勻。

⑩ 加入保溫中之奶油、奶水，用橡皮刮刀拌勻後，裝入擠花袋內。

⑪

將蛋糕麵糊平均擠入杯子內，約八分滿，輕敲震出空氣。

⑫ 以上火 180℃、下火 140℃、烤25~30分鐘。

⑬ 出爐後，敲一下讓熱氣散出，立即放到架上，放涼。

● **內餡**

⑭ 植物性鮮奶油、動物性鮮奶油、純糖粉，一起打到八分發。

⑮ 將打發好的鮮奶油用六齒中型的擠花嘴擠花，然後隨性創作，表面加入新鮮水果裝飾。

Look

（杯子蛋糕 12 個）

蔓越莓瑪芬杯子蛋糕

本配方是要教大家，糖油拌合的方法

80

材料

	名稱	份量	小叮嚀
蛋糕麵糊	無鹽奶油	80g	室溫軟化
	白油	55g	室溫軟化
	細砂糖	180g	-
	鹽	4g	-
	全蛋	150g	常溫
	中筋麵粉	200g	粉類一起過篩可避免結顆粒
	泡打粉	3g	
	蔓越莓水	50g	-
	蔓越莓乾	72 顆	泡水瀝乾

加入蔓越莓水拌勻，加入蔓越莓乾拌勻。

作法

① 預爐：上下火 180℃。

② 蔓越莓乾泡水 10 分鐘，瀝乾，水與果乾保留備用。

③ 準備 12 個瑪芬蛋糕杯子。

④

無鹽奶油、白油、細砂糖、鹽放入鋼盆，用打蛋器快速攪打。

⑤

攪拌期間要適當停下，將未打到的部分刮勻，所有材料打至呈現絨毛狀。

⑥

完成後，將全蛋分次加入奶油霜內，每次加入都必須打到蛋液完全吃進去油裡，才能再加入。

⑦ 中筋麵粉、泡打粉一起過篩，加入奶油糊內，用打蛋器繼續拌勻。

⑨

麵糊裝入擠花袋內，均等擠入蛋糕杯子中，每杯約八分滿。

⑩

入爐前，輕輕敲一下，讓大氣泡跑掉。

⑪ 以上下火 180℃、烤 30~35 分鐘。

⑫ 出爐後，敲一下讓熱氣散出，立即移到涼架上，放涼。

桂圓葡萄磅蛋糕

本配方是要教大家，糖油拌合的
方法，與果乾的混合方法

材料

	名稱	份量	小叮嚀
蛋糕麵糊	無鹽奶油	158g	室溫軟化
	白油	100g	室溫軟化
	細砂糖	250g	-
	鹽	6g	-
	全蛋	260g	常溫
	高筋麵粉	256g	過篩
	泡打粉	2g	過篩
	鮮奶	30g	-
內餡	葡萄乾	130g	泡水瀝乾
	桂圓肉	130g	泡水瀝乾

作法

① 預爐：上下火 190℃。

② 葡萄乾、桂圓肉各泡水 10 分鐘，瀝乾備用。

③ 準備 2 個磅蛋糕烤模，鋪上白報紙。

④ 鋼盆放入無鹽奶油、白油、細砂糖、鹽，用打蛋器快速攪打。

⑤ 攪打期間要多次停下，將未攪打到的部分刮勻，打至呈現絨毛狀。

完成後，將全蛋分次加入奶油霜內，每次加入都必須打到蛋液完全吃進油裡，才能再加入。

加入過篩高筋麵粉、過篩泡打粉拌勻。

⑧ 加入鮮奶拌勻。

葡萄乾、桂圓肉撒入適量高筋麵粉，稍微翻拌一下，接著將高筋麵粉過篩濾除，輕輕拌入麵糊內。

⑩ 分裝麵糊，倒入模具內抹平。

⑪ 入爐前，用竹籤畫幾下，再輕輕敲一下消除氣泡。

⑫ 以上下火 190℃、烤 20 分鐘。

⑬ 戴上手套將蛋糕取出，在蛋糕體中心劃一字線。

⑭ 再送入烤箱，以上下火 190℃、烤 15~20 分鐘。

⑮ 出爐後，敲一下讓熱氣散出，立即脫模，移到涼架上，將紙張撕開放涼。

（烤模 7×8×17cm /2 個）

芭蕉核桃磅蛋糕

本配方是要教大家，糖油拌合的
方法，與熟芭蕉的混合方法

材 料

	名稱	份量	小叮嚀
蛋糕麵糊	無鹽奶油	158g	室溫軟化
	白油	100g	室溫軟化
	細砂糖	250g	-
	鹽	6g	-
	全蛋	260g	常溫
	高筋麵粉	200g	過篩
	泡打粉	2g	過篩
	熟芭蕉	200g	-
	鮮奶	20g	-
內餡	碎核桃	160g	-

作 法

① 預爐：上下火 190℃。

② 準備 2 個磅蛋糕烤模，鋪上白報紙。

③ 鋼盆放入無鹽奶油、白油、細砂糖、鹽，用打蛋器快速攪打。

④ 攪打期間要多次停下，將未攪打到的部分刮勻，打至呈現絨毛狀。

⑤ 加入熟芭蕉拌勻。分次加入全蛋，每次加入都必須打到蛋液完全吃進油裡，才能再加。

⑥ 加入過篩高筋麵粉、過篩泡打粉，用橡皮刮刀繼續拌勻。

⑦ 加入鮮奶拌勻調整濃稠度，完成蛋糕麵糊。

⑧

輕輕拌入碎核桃，分裝倒入模具內抹平。

⑨ 入爐前，用竹籤畫幾下，再輕輕敲一下消除氣泡。

⑩ 以上下火 190℃、烤 20 分鐘。

⑪ 戴上手套將蛋糕取出，在蛋糕體中心劃一字線。

⑫ 再送入烤箱，以上下火 180℃、烤 15~20 分鐘。

⑬ 出爐後，敲一下讓熱氣散出，立即脫模，移到涼架上，將紙張撕開放涼。

（烤模 7×8×17cm /2 個）

沙菠蘿水果磅蛋糕

本配方是要教大家，沙菠
蘿的製作方法

材料

	名稱	份量	小叮嚀
蛋糕麵糊	無鹽奶油	158g	室溫軟化
	白油	100g	室溫軟化
	細砂糖	250g	-
	鹽	6g	-
	全蛋	260g	常溫
	高筋麵粉	256g	過篩
	泡打粉	2g	過篩
	鮮奶	30g	-

	名稱	份量	小叮嚀
內餡	水果蜜餞	250g	瀝乾
沙菠蘿	無鹽奶油	65g	室溫軟化
	糖粉	60g	-
	高筋麵粉	100g	-

86

作法

① 預爐：上下火 190℃。

② 準備2個磅蛋糕烤模，鋪上白報紙。

● **沙菠蘿**

③ 無鹽奶油、糖粉混拌均勻。

④

加入高筋麵粉混合成團。

⑤

準備粗篩網，將糖麵篩成細長條狀備用。

● **蛋糕麵糊**

⑥

鋼盆放入無鹽奶油、白油、細砂糖、鹽，用打蛋器快速攪打。

⑦ 攪打期間要多次停下，將未攪打到的部分刮勻，打至呈現絨毛狀。

⑧

完成後，將全蛋分次加入奶油霜內，每次加入都必須打到蛋液完全吃進油裡，才能再加入。

⑨

加入過篩高筋麵粉、過篩泡打粉拌勻。

⑩ 加入鮮奶拌勻調整濃稠度，完成蛋糕麵糊。

⑪

將水果蜜餞瀝乾，輕輕拌入奶油麵糊內，倒入模具內分裝抹平。

⑫ 入爐前，用竹籤畫幾下，再輕輕敲一下消除氣泡。

⑬

蛋糕體表面平均撒上沙菠蘿，送入烤爐。

⑭ 以上下火 190℃、烤 20 分鐘。

⑮ 戴上手套將蛋糕取出，在蛋糕體中心劃一字線。

⑯ 再送入烤箱，以上下火 190℃、烤 15~20 分鐘。

⑰ 出爐後，敲一下讓熱氣散出，立即脫模，移到涼架上，將紙張撕開放涼。

（烤模 7×8×17cm /2 個）

蔓越莓核桃磅蛋糕

本配方是要教大家，糖油拌合
的方法，與堅果的混合方法

材料

	名稱	份量	小叮嚀
蛋糕麵糊	無鹽奶油	158g	室溫軟化
	白油	100g	室溫軟化
	細砂糖	250g	-
	鹽	6g	-
	全蛋	260g	常溫
	高筋麵粉	256g	過篩
	泡打粉	2g	過篩
	鮮奶	30g	-

	名稱	份量	小叮嚀
內餡	蔓越莓乾	120g	泡過瀝乾
	碎核桃	120g	-

作法

① 預爐：上下火 190℃。

② 準備 2 個磅蛋糕烤模，鋪上白報紙。

③ 蔓越莓乾泡水 10 分鐘，瀝乾備用。

④

鋼盆放入無鹽奶油、白油、細砂糖、鹽，用打蛋器快速攪打。

⑤ 攪打期間要多次停下，將未攪打到的部分刮勻，打至呈現絨毛狀。

⑥

完成後，將全蛋分次加入奶油霜內，每次加入都必須打到蛋液完全吃進油裡，才能再加入。

⑦

加入鮮奶拌勻。

⑧

加入過篩高筋麵粉、過篩泡打粉拌勻，完成麵糊。

⑨

加入蔓越莓乾、碎核桃，輕輕拌入麵糊內。

⑩

倒入模具內分裝抹平。

⑪ 入爐前，用竹籤畫幾下，再輕輕敲一下消除氣泡。

⑫ 以上下火 190℃、烤 20 分鐘。

⑬ 戴上手套將蛋糕取出，在蛋糕體中心劃一字線。

⑭ 再送入烤箱，以上下火 190℃、烤 15~20 分鐘。

⑮ 出爐後，敲一下讓熱氣散出，立即脫模，移到涼架上，將紙張撕開放涼。

Part 4

塔與派

塔派知識家 本書中塔派皮的設計是要教大家，針對「油類、粉類、液態類、鹽」的基礎運用方式，好的塔派皮是要酥脆兼具，口感上才會好吃。

塔派在西點中具有獨到的風味，可分為「塔派皮」及「內餡」的搭配，二者合而為一，組合出好吃的甜點。

① 塔派皮麵團的攪拌，必須視麵酥結構的不同，考量要以何種方式來操作，如糖油拌合法、粉油拌合法等。

② 麵團攪拌好，必須密封置於冷藏鬆弛20~30分鐘，以利麵團內之材料，能夠充分吸收均勻，易於整形。

③ 塔派皮於整形操作時，應使用高筋麵粉做為手粉，以利擀捲時好操作。

④ 在擀捲整形過程中，不可以像揉麵團一樣，拼命的捏揉，這樣會使麵團產生筋性，造成烤焙時堅硬、收縮。

⑤ 塔派皮於擀捲時，要注意厚薄一致，整形好必須鬆弛15~30分鐘，才能夠進爐烘烤，如此烤出來的塔派皮才會酥鬆好吃。

⑥ 塔派皮的餡料種類有很多的變化，一般常見的有奶油布丁餡、牛奶雞蛋布丁餡、水果餡、乳酪餡、蛋糕餡等，其調製方式各有不同，重點是要如何與塔派皮搭配，結合出美味的口感。

蔓越莓酥皮椰蓉塔

夏威夷堅果塔

卡士達水果塔

檸檬風味塔

檸檬風味塔

本配方是教大家製作塔皮、
檸檬餡的方法

（七公分椰子模 10 個 ● 熟皮 / 熟餡）

材料

	名稱	份量	小叮嚀
塔皮	低筋麵粉	260g	粉類一起過篩可避免結顆粒
	奶粉	10g	
	泡打粉	2g	
	糖粉	50g	
	全蛋液	30g	-
	無鹽奶油	115g	室溫軟化
	鹽	2g	-
檸檬餡	鮮奶	260g	-
	動物性鮮奶油	40g	-
	無鹽奶油	15g	常溫
	細砂糖	90g	-
	玉米粉	35g	過篩
	蛋黃	50g	常溫
	檸檬汁	40g	-
裝飾	檸檬皮屑	適量	-

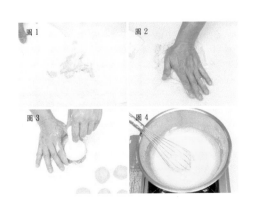

圖1　圖2
圖3　圖4

作法

① 本配方是教大家製作塔皮、檸檬餡的方法。

② 預爐：上下火 190℃。

③ **塔皮**：低筋麵粉、奶粉、泡打粉、糖粉混合過篩，放在工作檯上，倒入鹽，中間築粉牆。

④ 將無鹽奶油切成小塊，加入粉牆中，以粉油切拌的方式，粉油混合均勻，呈現鬆散的小米粒團狀。（圖1）

⑤ 中間再築粉牆，加入全蛋液，以壓拌的方式完成麵團。

Point

麵團不可以搓揉，以免出筋。（圖2）

⑥ 蓋上蓋子鬆弛 20 分鐘，鬆弛後分割 10 個麵團，滾圓。

⑦ 放入模具中鋪上保鮮膜，用專用塔柱模壓模成形。（圖3）

⑧ 將多餘的邊緣修掉，鬆弛 20 分鐘，中間用叉子戳洞。

⑨ 鋪上揉皺的烘焙紙，再裝滿生紅豆粒，當作重石使用。

⑩ 上下火 190℃，烤 20~25 分鐘，出爐後，脫模放涼備用。

⑪ **檸檬餡**：鮮奶、動物性鮮奶油、無鹽奶油、細砂糖一起放在煮鍋內，用中小火拌勻煮熱。

⑫ 乾淨鋼盆加入過篩玉米粉、蛋黃、檸檬汁，混勻備用。

⑬ 將煮熱之鮮奶液，慢慢的沖入蛋液內，攪拌均勻。

⑭ 再回爐火上，以小火邊煮邊拌，混合至濃稠狀。（圖4）

⑮ 完成的檸檬餡裝入擠花袋中，填入塔皮內，每個填約 50g，撒上檸檬皮屑，完成～

塔皮示範

（七公分椰子模 10 個）

材料

	名稱	份量	小叮嚀
塔皮	無鹽奶油	75g	室溫軟化
	糖粉	35g	過篩
	鹽	1g	-
	全蛋液	15g	常溫
	低筋麵粉	120g	粉類一起過篩可避免結顆粒
	奶粉	10g	
	泡打粉	1g	

作法

❶ 準備七公分椰子模 10 個。

● 塔皮

❷ 採糖油拌合法。

❸

鋼盆放入無鹽奶油、過篩糖粉、鹽，用打蛋器快速攪打。

❹ 攪打期間要多次停下，將未攪打到的部分刮勻，打至呈現絨毛狀。

❺

加入全蛋液拌勻。

❻

低筋麵粉、奶粉、泡打粉一起過篩，加入奶油糊內，用刮板繼續拌勻成團。

❼ 蓋上蓋子或封上保鮮膜，鬆弛 20 分鐘，分割 10 個麵團滾圓。

❽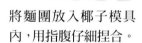

將麵團放入椰子模具內，用指腹仔細捏合。

夏威夷堅果塔

本配方是教大家製作塔皮、
組合堅果的方法

（七公分椰子模 10 個 ● 半熟皮 / 熟餡）

材料

	名稱	份量	小叮嚀
夏威夷堅果餡	動物性鮮奶油	10g	-
	無鹽奶油	20g	-
	細砂糖	25g	-
	轉化糖漿	65g	-
	熟夏威夷果仁	120g	-
	熟南瓜籽	30g	-
	蔓越莓乾	80g	-
其他	塔皮	P.94	生塔

作法

① 預爐：上下火 180℃。

② 準備七公分椰子模 10 個。

● **塔皮**

③ P.94 製作。

④ 在做好的塔皮中鋪上揉皺烘焙紙，倒入生紅豆粒當作重石使用，用重壓的方式防止塔皮變形。

⑤ 送進烤爐，以上下火 180℃、烤 15 分鐘。

⑥

出爐後，取下裝滿生紅豆的烘焙紙，脫模備用。

● **夏威夷堅果餡**

⑦

煮鍋加入動物性鮮奶油、無鹽奶油、細砂糖、轉化糖漿，用中小火熬煮。

⑧

熬煮到濃稠狀時，加入熟夏威夷果仁、熟南瓜籽、蔓越莓乾拌勻，讓糖漿充分包覆食材。

⑨ 分裝到塔皮內，每個裝約 30g。

⑩

填餡完成後，再放入烤箱回烤，上下火 180 ℃，烤 15~20 分鐘，烤乾。

⑪ 出爐後，完成脫模。

Look

95

卡士達水果塔

本配方是教大家製作塔皮、
卡士達的方法

（七公分椰子模 10 個 ● 熟皮 / 熟餡）

	名稱	份量	小叮嚀
卡士達餡	鮮奶	100g	-
	無鹽奶油	10g	-
	細砂糖	25g	-
	鹽	1g	-
	玉米粉	15g	過篩
	蛋黃	30g	-
	蘭姆酒	3g	-
	植物性鮮奶油	100g	冷藏
裝飾	新鮮水果	適量	-
	鏡面果膠	適量	-
其他	塔皮	P.94	生塔

作法

① 預爐：上下火 180℃。

② 準備七公分椰子模 10 個。

● 塔皮

③ P.94 製作。

④

在做好的塔皮中鋪上揉皺烘焙紙，倒入生紅豆粒當作重石使用，用重壓的方式防止塔皮變形。

⑤ 送進烤爐，上下火 180℃，烤20~25分鐘。

⑥ 出爐後取下模具，內層塗上融化巧克力（配方外）。

● 卡士達餡

⑦ 煮鍋加入鮮奶、植物性鮮奶、無鹽奶油、細砂糖、鹽，中小火煮至溶化均勻。

⑧ 另外將過篩玉米粉、蛋黃、蘭姆酒混合均勻備用。

⑨ 將煮勻之鮮奶餡，沖入蛋糊內，攪拌拌勻。

⑩ 再回煮濃稠狀，放涼備用。

⑪
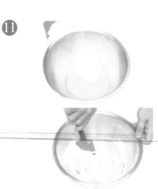

植物性鮮奶油打至八分發，加入放涼之卡士達內，一起攪拌均勻即可。

⑫ 卡士達裝入擠花袋，填入塔中，每個約 25g，周邊擺設新鮮切片水果，裝飾完成。

⑬ 水果上面，可塗抹鏡面果膠，防止老化。

Look

蔓越莓酥皮椰蓉塔

本配方是教大家製作塔皮之
油皮、油酥的方法

（213 塔杯 10 個 ● 生皮 / 生餡）

材料

	名稱	份量	小叮嚀
油皮	無鹽奶油	45g	室溫軟化
	糖粉	25g	過篩
	鹽	1g	-
	中筋麵粉	110g	過篩
	奶粉	5g	過篩
	水	57g	-
油酥	低筋麵粉	90g	過篩
	無鹽奶油	50g	室溫軟化
椰蓉餡	無鹽奶油	55g	室溫軟化
	細砂糖	380g	-
	鹽	2g	-
	全蛋液	110g	常溫
	奶水	60g	-
	椰子粉	250g	-
	蔓越莓	150g	切碎

作法

① 預爐：上火 210℃、下火 230℃。

> **Point**
> 烤箱如果沒有上下火，可以設定 220℃ 放中下層。

② 準備 213 塔杯 10 個。

● 油皮

③

無鹽奶油、過篩糖粉、鹽、過篩中筋麵粉、過篩奶粉、水全部拌合均勻，用手搓揉成團。

④

將麵團蓋上蓋子鬆弛 20 分鐘，鬆弛後，分割十個麵團滾圓。

● 油酥

⑤
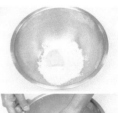

低筋麵粉、無鹽奶油聚合成團，分割十等分備用。

● 擀捲第一次

拍開油皮，包入油酥，擀捲第一次。

● 擀捲第二次

左右捏起

用同樣的手法擀捲第二次，左右捏緊。

⑧

沾上適量高筋麵粉，擀開酥油皮，指腹仔細捏合模具，邊緣反覆折出花紋；折邊刷上蛋黃液裝飾。

● 椰蓉餡

⑨

鋼盆放入無鹽奶油、細砂糖、鹽，打蛋器攪打到絨毛狀。

⑩

分次加入全蛋液拌勻。

⑪

加入椰子粉、切碎蔓越莓，用橡皮刮刀拌勻。

⑫ 加入奶水調和濃稠度。

⑬ 塔皮填入椰蓉餡，每個約 50g

Point

多的餡料可以用保鮮膜封好，冷藏保存。

⑭ 放入烤箱，以上火 210℃、下火 230℃、烤約 20~25 分鐘

沙菠蘿酒釀蔓越莓蛋糕派

夏威夷披薩鹹派

蘋果鳳梨派

楓糖核桃派

派皮示範

（七吋活動菊花模 1 個）

材 料

	名稱	份量	小叮嚀
派皮	無鹽奶油	65g	室溫軟化
	糖粉	35g	過篩
	鹽	1g	-
	全蛋液	13g	常溫
	低筋麵粉	116g	粉類一起過篩可避免結顆粒
	奶粉	6g	
	泡打粉	1g	

作 法

1 準備七吋活動菊花模 1 個。

2 採糖油拌合法。

3

無鹽奶油、過篩糖粉、鹽，放入鋼盆內，攪拌機轉快速攪打。

4

攪打期間要多次停下，將未攪打到的部分刮勻，打至呈現絨毛狀。

5

加入全蛋液，轉慢速攪打均勻。

6

低筋麵粉、奶粉、泡打粉一起過篩，加入奶油糊內，用橡皮刮刀繼續拌勻成團。

7

麵團放入七吋活動菊花模，以保鮮膜封起，鬆弛 30 分鐘。

8

鬆弛後，撒上高筋麵粉防止沾黏，接著用擀麵棍擀成約八吋大小的圓形，鋪到七吋活動烤模內，用手壓模成型。

9 將邊緣多餘的麵團用刮板刮除，保鮮膜封起，放入冷藏備用。

蘋果鳳梨派

本配方是教大家生皮熟餡的
製作方法

（七吋活動菊花模 1 個 ● 生皮 / 熟餡）

材 料

	名稱	份量	小叮嚀
卡士達餡	鮮奶	250g	-
	動物性鮮奶油	50g	-
	無鹽奶油	25g	-
	細砂糖	60g	-
	鹽	1g	-
	玉米粉	42g	過篩
	全蛋	75g	-
	蘭姆酒	1g	-
裝飾	新鮮水果	適量	-
	鏡面果膠	適量	-
其他	派皮	P.101	生派

作法

① 預爐：上火 180℃、下火 200℃。

> **Point**
> 烤箱如果沒有上下火，可以設定 190℃放中下層。

● 派皮

② P.101 製作。

● 卡士達餡

③

煮鍋加入鮮奶、動物性鮮奶油、無鹽奶油、細砂糖、鹽，中小火煮至溶化均勻。

④ 另外將過篩玉米粉、全蛋、蘭姆酒、混合均勻備用。

⑤

將煮勻之鮮奶餡，沖入蛋糊內，攪拌均勻。

⑥

再回煮到濃稠狀，離火，立即倒入新鮮水果丁，稍微攪拌一下調整濃稠度。

⑦

完成後將內餡倒入派皮，鋪平。

⑧ 烘焙紙剪裁約模具大小，噴水，鋪在內餡上。

⑨ 進烤爐，上火 180℃、下火 200℃、烤 25~30 分鐘。

⑩ 出爐後取下烘焙紙、活動模，塗上鏡面果膠。

● 鏡面果膠

⑪ 水 160g、細砂糖 35g、洋菜粉 6g，一起混合煮滾，放涼使用。

沙菠蘿酒釀蔓越莓蛋糕派

本配方是教大家生皮與蛋糕的組合方法

（七吋活動菊花模 1 個 ● 生皮 / 蛋糕）

材料

	名稱	份量	小叮嚀
沙菠蘿	無鹽奶油	25g	室溫軟化
	糖粉	30g	-
	高筋麵粉	50g	-
蔓越莓蛋糕糊	蛋黃	36g	常溫
	細砂糖	15g	-
	低筋麵粉	20g	粉類一起過篩可避免結顆粒
	杏仁粉	40g	
	蛋白	70g	冷藏
	細砂糖	30g	-
	檸檬汁	2g	-
	酒釀蔓越莓	60g	瀝乾
其他	派皮	P.101	生派

作法

① 預爐：上火 180℃、下火 190℃。

> **Point**
> 烤箱如果沒有上下火，可以設定 175℃放中下層。

● 派皮

② P.101 製作。

● 沙菠蘿

③

無鹽奶油、糖粉、高筋麵粉用雙手搓成米粒大小，即成為糖麵，將糖麵放冰箱冷藏備用。

● 蔓越莓蛋糕糊

④

蛋黃、細砂糖拌勻，加入一起過篩的低筋麵粉、杏仁粉拌勻。

⑤ 乾淨鋼盆加入蛋白、細砂糖、檸檬汁，一起打至六分發濕性發泡。

⑥

分兩次將麵糊與蛋白霜拌勻。

⑦

加入酒釀蔓越莓拌勻。

⑧ 將完成的蛋糕糊倒入派皮中鋪平，撒上沙菠蘿。

⑨ 進烤爐，上火 180℃、下火 190℃、烤 25~30 分鐘。

⑩ 冷卻後脫模完成～

Look

楓糖核桃派

本配方是教大家製作楓糖的方法

（七吋活動菊花模 1 個 ● 生皮 / 熟餡）

材料

	名稱	份量	小叮嚀
楓糖核桃餡	動物性鮮奶油	40g	-
	無鹽奶油	25g	-
	細砂糖	100g	-
	麥芽糖	40g	-
	蜂蜜	50g	-
	核桃	290g	烤過
裝飾	全蛋液	適量	-
其他	派皮	P.101	生派

作法

① 預爐：上火 180℃、下火 200℃。

> *Point*
> 烤箱如果沒有上下火，可以設定 190℃放中下層。

● **派皮**

② P.101 製作 2 張派皮，1 張入七吋菊花活動模具壓模成形；另 1 張放入塑膠袋內，擀成直徑比七吋活動派盤大 3cm，鋪平，冷凍備用。

③ 核桃對半剝開，以上火 180℃、下火 150℃，烤 10 分鐘備用。

● **楓糖核桃餡**

④

動物性鮮奶油、細砂糖、麥芽糖、蜂蜜放入煮鍋內熬煮。

⑤

熬煮到糖漿濃稠狀，滴入冰水呈水珠狀不會散開，即可加入無鹽奶油溶合。

⑥

加入烤熟核桃迅速攪拌均勻，填入派皮鋪平。

⑦ 取出冷凍的頂部派皮，刷上全蛋液，刷有蛋液的派皮面朝下，蓋在核桃餡上壓實。

⑧

刮板在表面壓出十字紋路，刷上蛋液。

⑨ 送進烤爐，上火 180℃、下火 200℃、烤 30~35 分鐘。

⑩ 出爐後取下模具，冰凍冷卻。

Look

夏威夷披薩鹹派

本配方是教大家製作鹹派的方法

（七吋活動菊花模 1 個 ● 生皮 / 生餡）

材料

	名稱	份量	小叮嚀
塔皮	中筋麵粉	150g	粉類一起過篩可避免結顆粒
	奶粉	10g	
	糖粉	10g	
	無鹽奶油	75g	室溫軟化
	鹽	3g	-
	全蛋液	40g	常溫
餡料	番茄醬	50g	-
	火腿	50g	切片狀
	鮪魚罐頭肉	50g	-
	蟹肉棒	50g	洗淨剝開
	金針菇	50g	洗淨剝開燙過
	罐頭鳳梨片	5 片	切丁狀
	披薩起司	250g	-

作法

① 預爐：上火 180℃、下火 200℃。

Point
烤箱如果沒有上下火，可以設定 200℃放中下層。

② 準備七吋活動菊花模 1 個。

● **派皮**

③ 採粉油拌合法。將無鹽奶油切小塊，與一起過篩的中筋麵粉、奶粉、糖粉、鹽切拌均勻，加入全蛋液，壓拌成團。

④ 麵團蓋上蓋子或保鮮膜鬆弛 20 分鐘，鬆弛後，撒上高筋麵粉（手粉）防沾黏，將麵團擀成約八吋大小的圓形，鋪到七吋活動烤模內，用手壓模成型，多餘麵團用刮板刮除。

● **餡料**

⑤ 派皮底部先刷一層番茄醬。

⑥

撒上一半披薩起司，再隨意加入餡料材料，最後再鋪上剩餘的披薩起司。

⑦ 進烤爐，上火 180℃、下火 200℃，烤 30~40 分鐘，注意餡料一定要烤熟。

⑧ 出爐後，立即脫模，趁熱享用。

Look

Part **5**

熱門糕點

- 馬卡龍
- 小西點
- 泡芙
- 酥類點心
- 其他

黑芝麻馬卡龍

馬卡龍

夢幻馬卡龍

馬卡龍

本配方主要是要教大家，馬卡龍的製作方法

（二十組 / 每組 2 片）

材料

	名稱	份量	小叮嚀
馬卡龍	蛋白	70g	-
	細砂糖	85g	-
	杏仁粉	80g	粉類一起過篩可避免結顆粒
	純糖粉	70g	
內餡	苦甜巧克力	220g	-
	動物性鮮奶油	160g	冷藏

作法

① 預爐：上火 45℃、下火 0℃。

> 烤箱如果沒有上下火，可以設定 20℃ 放中層。

② 準備烘焙紙，上面畫 40 個 3cm 的圓圈，翻面。

● 馬卡龍

③ 杏仁粉、純糖粉用手動打蛋器混合均勻，再用粗網過篩備用。

④ 打蛋白，先將蛋白打到粗泡泡，加入一半細砂糖。

⑤ 繼續打到濕性發泡，加入剩餘細砂糖。

⑥

將蛋白霜打到硬性發泡約八分發。

⑦ 加入一起過篩的杏仁粉、純糖粉，用橡皮刮刀以切拌方式拌勻。

⑧

攪拌到稍微有流動性，表面光澤。

⑨ 裝入擠花袋，在描好的烘焙紙上擠圓圈，注意要擠在背面，不可擠在描有炭粉的那面。

⑩ 總共可擠出 40 個，輕震烤盤。

⑪ 送入烤箱，以上火 45℃、下火 0℃，爐門夾毛巾，烘乾 20~30 分鐘，烘至表面乾燥。

⑫ 馬卡龍烘好後，從爐子取出，放置一旁。

⑬ 爐溫調整為上下火 150℃。

⑭ 預爐好後，將馬卡龍送進烤爐，烘烤 15~20 分鐘。

⑮ 烘後取出，立即連同烘焙紙放置到涼架上，放涼。

● 內餡

⑯ 將動物性鮮奶油放入煮鍋內，以小火加熱。

⑰ 加熱到 65℃，立即沖入苦甜巧克力拌勻，讓巧克力與鮮奶油溶化均勻。

⑱ 拌勻過程若溫度太低，可以隔熱水，繼續攪拌到巧克力溶化，溶化後裝入擠花袋備用。

> 注意巧克力溶化拌勻溫度不可超過 65℃，會油水分離。

⑲ 馬卡龍一樣大小的兩兩成對，中間擠入適量內餡，上下黏合完成。

夢幻馬卡龍

本配方主要是要教大家，馬卡龍的製作方法

（二十組 / 每組 2 片）

材料

	名稱	份量	小叮嚀
馬卡龍	蛋白	70g	冷藏
	細砂糖	80g	-
	杏仁粉	80g	粉類一起過篩可避免結顆粒
	純糖粉	75g	
	色膏	適量	-
內餡	苦甜巧克力	220g	-
	動物性鮮奶油	160g	冷藏

作法

1. 預爐：上火 45℃、下火 0℃。

> **Point**
> 烤箱如果沒有上下火，可以設定 20℃放中層。

2. 準備烘焙紙，上面畫 40 個 3cm 的圓圈，翻面。

● 馬卡龍

3. 杏仁粉、純糖粉用手動打蛋器混合均勻，再用粗網過篩備用。

4. 打蛋白，先將蛋白打到粗泡泡，加入一半細砂糖。

5. 繼續打到濕性發泡，加入剩餘細砂糖。

6. 將蛋白霜打到硬性發泡約八分發。

7. 加入一起過篩的杏仁粉、純糖粉，用橡皮刮刀以切拌方式拌勻。

8.
加入少量色膏，拌兩下就可以了，拌至稍微有流動性，表面光澤且未完全混勻。

9. 裝入擠花袋，在描好的烘焙紙上擠圓圈，注意要擠在背面，不可擠在描好有炭粉的那面。

10. 總共可擠出 40 個。

11. 送入烤箱，以上火 45℃、下火 0℃，爐門夾毛巾，烘乾 20~30 分鐘，烘至表面乾燥。

12. 馬卡龍烘好後，從爐子取出，放置一旁。

13. 爐溫調整為上下火 150℃。

14. 預爐好後，將馬卡龍送進烤爐，烘烤 15~20 分鐘。

15. 烘後取出，立即連同烘焙紙放置到涼架上，放涼。

● 內餡

16. 將動物性鮮奶油放入煮鍋內，以小火加熱。

17. 加熱到 65℃，立即沖入苦甜巧克力拌勻，讓巧克力與鮮奶油溶化均勻。

18. 拌勻過程若溫度太低，可以隔熱水，繼續攪拌到巧克力溶化，溶化後裝入擠花袋備用。

> **Point**
> 注意巧克力溶化拌勻溫度不可超過 65℃，會油水分離。

19. 馬卡龍一樣大小的兩兩成對，中間擠入適量內餡，上下黏合完成。

黑芝麻馬卡龍

本配方主要是要教大家，馬卡龍的製作方法

（二十組／每組 2 片）

材料

	名稱	份量	小叮嚀
馬卡龍	蛋白	70g	冷藏
	細砂糖	80g	-
	杏仁粉	65g	粉類一起過篩 可避免結顆粒
	熟黑芝麻	15g	
	純糖粉	75g	
黑芝麻內餡	動物性鮮奶油	50g	-
	蛋黃	18g	-
	細砂糖	40g	-
	熟黑芝麻	50g	-
	無鹽奶油	80g	-

作法

① 預爐：上火 45℃、下火 0℃。

> *Point*
> 烤箱如果沒有上下火，可以設定 20℃放中層。

② 準備烘焙紙，上面畫 40 個 3cm 的圓圈，翻面。

● 馬卡龍

③ 杏仁粉、純糖粉、熟黑芝麻粉用手動打蛋器混合均勻，再用粗網過篩備用。

④ 打蛋白，先將蛋白打到粗泡泡，加入一半細砂糖。

⑤ 繼續打到濕性發泡，加入剩餘細砂糖。

⑥ 將蛋白霜打到硬性發泡約八分發。

⑦ 加入一起過篩的杏仁粉、熟黑芝麻、純糖粉，用橡皮刮刀以切拌方式拌勻。

⑧

攪拌到稍微有流動性，表面光澤。

⑨ 裝入擠花袋，在描好的烘焙紙上擠圓圈，注意要擠在背面，不可擠在描好有炭粉的那面。

⑩ 總共可擠出 40 個。

⑪ 送入烤箱，以上火 45℃、下火 0℃，爐門夾毛巾，烘乾 20~30 分鐘，烘至表面乾燥。

⑫ 馬卡龍烘好後，從爐子取出，放置一旁。

⑬ 爐溫調整為上下火 150℃。

⑭ 預爐好後，將馬卡龍送進烤爐，烘烤 15~20 分鐘。

⑮ 烘後取出，立即連同烘焙紙放置到涼架上，放涼。

● 黑芝麻內餡

⑯ 將動物性鮮奶油、蛋黃、細砂糖一起拌勻加熱至 85℃。

⑰ 加入熟黑芝麻拌勻，即成為黑芝麻醬，放置冷卻。

⑱ 將無鹽奶油打發，加入黑芝麻醬拌勻，即完成黑芝麻內餡。

⑲ 馬卡龍一樣大小的兩兩成對，中間擠入適量內餡，上下黏合完成。

奶油小西點

臺式抹茶牛粒

臺式抹茶牛粒

本配方主要是要教大家，牛粒的操作技術

（三十組 / 每組 2 片）

材料

	名稱	份量	小叮嚀
牛粒麵糊	蛋黃	36g	-
	細砂糖（A）	36g	-
	蛋白	70g	
	細砂糖（B）	70g	-
	低筋麵粉	100g	粉類一起過篩可避免結顆粒
	抹茶粉	6g	
內餡	無鹽奶油	150g	室溫軟化
	純糖粉	30g	過篩
	藍莓果醬	50g	-

作法

① 預爐：上火 210℃、下火 150℃。

> **Point**
> 烤箱如果沒有上下火，可以設定 180℃ 放中層。

② 準備烘焙紙，上面畫 60 個 4cm 的圈圈。

● 牛粒麵糊

③ 鋼盆加入蛋黃、細砂糖（A），一同打發到乳白狀有紋路。

④ 打蛋白，先將蛋白打到粗泡泡，加入一半細砂糖（B）。

⑤ 繼續打到濕性發泡，加入剩餘細砂糖（B）。

⑥
將蛋白霜打到硬性發泡、約八分發。

⑦
蛋黃霜、蛋白霜用刮板以刮拌方式輕輕拌勻。

⑧
加入一起過篩的低筋麵粉、抹茶粉拌勻，拌至表面光澤。

⑨ 裝入擠花袋，依據烘焙紙上的記號，擠出約 4cm 的大小。

⑩
總共可擠出 60 個，外表撒上純糖粉（配方外）。

⑪ 送入烤箱，以上火 210℃、下火 150℃，烤 8~10 分鐘。

⑫ 烘後取出，立即連同烘焙紙放置到涼架上，放涼。

● 內餡

⑬ 無鹽奶油、過篩純糖粉一起打發，打至乳白色有絨毛狀，與藍莓果醬拌勻。

⑭ 抹茶牛粒取一樣大小的兩兩成對，中間擠入適量內餡，上下黏合完成。

奶油小西點

本配方主要是要教大家，小
西點的操作技術

（二十組／每組2片）

材料

	名稱	份量	小叮嚀
小西點麵糊	蛋黃	54g	-
	細砂糖（A）	36g	-
	蛋白	105g	冷藏
	細砂糖（B）	70g	-
	低筋麵粉	130g	過篩
內餡	無鹽奶油	160g	室溫軟化
	糖粉	40g	過篩
裝飾	純糖粉	適量	過篩

作法

① 預爐：上火210℃、下
火150℃。

> **Point**
> 烤箱如果沒有上
> 下火，可以設定
> 180℃放中層。

② 準備烘焙紙，上面折
40個長8cm的條紋。

● **小西點麵糊**

③ 鋼盆加入蛋黃、細砂
糖（A），一同打發到
乳白狀有紋路。

④ 打發蛋白，將蛋白打
到粗泡泡，加入一半
細砂糖（B）。

⑤ 繼續打到濕性發泡，加
入剩餘細砂糖（B）。

將蛋白霜打到硬性發
泡、約八分發。

蛋黃霜、蛋白霜用刮
板以刮拌方式輕輕拌
勻。

加入過篩低筋麵粉拌
勻。

⑨ 攪拌到表面光澤，裝入
擠花袋，依據烘焙紙上
的記號，擠出長8cm、
厚0.7cm的大小。

總共可擠出40個，完
成後表面立即撒上純
糖粉。

⑪ 送入烤箱，以上火
210℃、下火150℃，
烤8~10分鐘。

⑫ 烘後取出，立即連同
烘焙紙放置到涼架上，
放涼。

● **內餡**

⑬ 無鹽奶油、過篩糖粉
一起打發，打至乳白
色有絨毛狀即可。

⑭ 先將奶油小西點一樣
大小的兩兩成對，中
間擠入適量內餡，上
下黏合完成，再撒上
過篩純糖粉，完成～

閃電泡芙

巧克力甜甜圈泡芙

奶油泡芙

奶油泡芙

本配方主要是要教大家，泡
芙的製作方法

（12 顆）

材料

	名稱	份量	小叮嚀
泡芙	無鹽奶油	35g	-
	沙拉油	35g	-
	鮮奶	50g	-
	水	60g	-
	高筋麵粉	100g	過篩
	全蛋	160g	-
	鹽	2g	-
奶油布丁餡	鮮奶	380g	-
	無鹽奶油	20g	-
	細砂糖	90g	-
	全蛋	90g	-
	低筋麵粉	20g	粉類一起過篩可避免結顆粒
	玉米粉	20g	

作法

1 預爐：上火 200℃、下火 180℃。

Point

烤箱如果沒有上下火，可以設定 190℃放中下層。

● 泡芙

2 全蛋打散備用。

3 鋼盆放入無鹽奶油、沙拉油、鮮奶、水、鹽，加熱煮滾。

4 立即加入過篩高筋麵粉，用擀麵棍迅速攪拌，讓麵性糊化成團。

5 全蛋液分兩次加入麵糊內，迅速攪拌均勻。

6 麵糊裝入平口擠花袋內，擠出底部五 cm 直徑的大小，約 12 顆。

7 表面噴一點霧水，送入烤爐。

8 以上火 200℃、下火 180℃、烤 20 分鐘。

9 調整爐溫，以上火 100℃、下火 180℃、烤 10 分鐘。

10 燜 3 分鐘至金黃色，即可出爐冷卻。

● 奶油布丁餡

11 將全蛋、細砂糖攪拌均勻。

12 加入一起過篩的低筋麵粉、玉米粉拌勻。

13 鮮奶、無鹽奶油放入煮鍋內煮沸後，立即沖到蛋糊內，不停的攪拌，並回爐口，以小火邊煮邊拌，拌成濃稠狀，放涼。

14 將奶油布丁餡裝入擠花袋，灌入泡芙內享用～

巧克力甜甜圈泡芙

本配方主要是要教大家，泡芙的變化製作方法

（12 顆）

	名稱	份量	小叮嚀
泡芙	無鹽奶油	35g	-
	沙拉油	35g	-
	鮮奶	50g	-
	水	60g	-
	高筋麵粉	100g	過篩
	全蛋	160g	-
	鹽	2g	-
巧克力餡	苦甜巧克力	320g	-
	動物性鮮奶油	180g	-
裝飾	杏仁片	適量	-

作法

① 預爐：上火 200℃、下火 180℃。

Point

烤箱如果沒有上下火，可以設定 190℃放中下層。

● 泡芙

② 先將杏仁片泡水，瀝乾備用；全蛋打散備用。

③ 鋼盆放入無鹽奶油、沙拉油、鮮奶、水、鹽，加熱煮滾。

④

立即加入過篩高筋麵粉，用擀麵棍迅速攪拌，讓麵性糊化成團。

⑤

全蛋液分兩次加入麵糊內，迅速攪拌均勻。

⑥

麵糊裝入六齒擠花袋內，擠出甜甜圓的形狀，約 12 顆，撒上杏仁片。

⑦ 表面噴一點霧水，送入烤爐。

⑧ 以上火 200℃、下火 180℃、烤 20 分鐘。

⑨ 調整爐溫，以上火 100℃、下火 180℃、烤 10 分鐘。

⑩ 燜 3 分鐘至金黃色，即可出爐冷卻。

● 巧克力餡

⑪ 苦甜巧克力隔熱水融化，再降溫至約 32℃

⑫ 動物性鮮奶油打至八、九分發，與融化巧克力繼續打發均勻，裝入六齒擠花袋內備用。

⑬ 將甜甜圈泡芙從中間切開，擠入巧克力餡完成～

Look

閃電泡芙

本配方主要是要教大家，脆
皮泡芙的製作方法

（12 顆）

材料

	名稱	份量	小叮嚀
泡芙	無鹽奶油	35g	-
	沙拉油	40g	-
	鮮奶	65g	-
	水	60g	-
	高筋麵粉	100g	過篩
	全蛋	180g	-
	鹽	2g	-
乳酪奶油餡	無鹽奶油	200g	室溫軟化
	奶油乳酪	80g	室溫軟化
	細砂糖	50g	-

作法

① 預爐：上火 200℃、下火 180℃。

> **Point**
> 烤箱如果沒有上下火，可以設定 190℃放中下層。

● 泡芙

② 全蛋打散備用。

③ 鋼盆放入無鹽奶油、沙拉油、鮮奶、水、鹽，加熱煮滾。

④

立即加入過篩高筋麵粉，用擀麵棍迅速攪拌，讓麵性糊化成團。

⑤

全蛋液分兩次加入麵糊內，迅速攪拌均勻。

⑥

麵糊裝入六齒擠花袋內，擠出閃電泡芙，約 12 條。

⑦ 表面噴一點霧水，送入烤爐。

⑧ 以上火 200℃、下火 180℃、烤 20 分鐘。

⑨ 調整爐溫，以上火 100℃、下火 180℃、烤 10 分鐘。

⑩ 燜 5 分鐘至金黃色，即可出爐冷卻。

● 奶油乳酪餡

⑪ 將無鹽奶油、奶油乳酪、細砂糖攪拌均勻，裝入六齒花嘴之擠花袋內。

⑫

將閃電泡芙橫切開來，擠入奶油乳酪餡完成～

Look

（40 顆）

花蓮薯

以糖油拌合法操作花蓮薯

材料

名稱	份量	小叮嚀
低筋麵粉	350g	粉類一起過篩可避免結顆粒
奶粉	50g	
無鹽奶油	70g	室溫軟化；素食者也可以替換成沙拉油
糖粉	160g	過篩
麥芽糖	25g	-
全蛋	126g	-
鹽	3g	-

（餅皮）

名稱	份量	小叮嚀
蒸熟地瓜泥	400g	-
細砂糖	200g	-
無鹽奶油	20g	室溫軟化
蛋黃液	適量	-

（餡料、裝飾）

作法

● 餡料

① 先將地瓜蒸熟，取 400g 份量，趁熱加入細砂糖、無鹽奶油拌勻成團。

> **Point**
>
> 若太濕可以放入炒鍋中，小火翻炒收乾。

② 預爐：上火 200℃、下火 160℃。

● 餅皮

③

鋼盆加入無鹽奶油、過篩糖粉、麥芽糖、鹽，用刮刀拌勻。

④

加入全蛋拌勻。

⑤

加入一同過篩的低筋麵粉、奶粉，全部拌勻成團，蓋上鋼盆或保鮮膜，靜置 30 分鐘鬆弛。

⑥ 分割餡料，每個 15g。

⑦ 分割餅皮麵團，每個 19g，滾圓，鬆弛 10 分鐘。

⑧
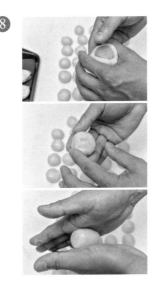

將餅皮揉開，包入餡料，包緊，雙手滾圓至油亮，再搓成橢圓形，放入烤盤。

⑨

間距相等排上烤盤，表面刷上蛋黃液。

⑩ 放入烤箱，以上火 200℃、下火 160℃、烤焙約 15~20 鐘、燜 3 分鐘，成金黃色。

Look

（40 顆）

芋頭薯

以糖油拌合法操作芋頭薯

材料

餅皮	名稱	份量	小叮嚀
	低筋麵粉	350g	粉類一起過篩可避免結顆粒
	奶粉	50g	
	無鹽奶油	70g	室溫軟化；素食者也可以替換成沙拉油
	糖粉	160g	過篩
	麥芽糖	25g	-
	全蛋	126g	-
	鹽	3g	-

餡料	名稱	份量	小叮嚀
	蒸熟芋頭	400g	-
	細砂糖	200g	-
	無鹽奶油	20g	室溫軟化
裝飾	蛋黃液	適量	-

作法

● 餡料

① 先將芋頭蒸熟，取 400g 份量，趁熱加入細砂糖、無鹽奶油拌勻成團。

> **Point**
> 若太濕可以放入炒鍋中，小火翻炒收乾。

② 預爐：上火 200℃、下火 160℃。

● 餅皮

③

鋼盆加入無鹽奶油、過篩糖粉、麥芽糖、鹽，用刮刀拌勻。

④

加入全蛋拌勻。

⑤

加入一同過篩的低筋麵粉、奶粉，全部拌勻成團，蓋上鋼盆或保鮮膜，靜置 30 分鐘鬆弛。

⑥ 分割餡料，每個 15g。

⑦ 分割餅皮麵團，每個 19g，滾圓，鬆弛 10 分鐘。

⑧

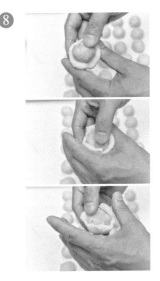

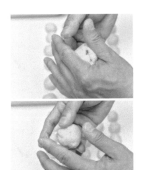

將餅皮揉開，包入餡料，包緊，雙手滾圓至油亮，搓成圓形，放入烤盤。

⑨ 間距相等排上烤盤，表面刷上蛋黃液。

⑩ 放入烤箱，以上火 200℃、下火 160℃、烤焙約 15~20 鐘、燜 3 分鐘，成金黃色。

Look

酥類變化速查表

接下來要教大家製作酥油皮產品與不同餡料的搭配方法，特別收錄皮與餡的搭配一覽，希望透過這份整理表，讓大家發揮想像力，多多嘗試不同的搭配方法，碰撞出新的火花 ♥

鳳梨酥 P.124~125 基礎鳳梨酥皮 ＋鳳梨餡	巧克力鳳梨酥 P.126~127 巧克力鳳梨酥皮 ＋鳳梨餡	龍眼鳳梨酥 P.128~129 變化鳳梨酥皮 ＋龍眼鳳梨餡

◎ 基礎酥油皮 P.130 ◎ 彩色酥油皮 P.131	千層鳳梨酥 P.132~133 基礎酥油皮 ＋鳳梨餡＋鹹蛋黃	蛋黃酥 P.134~135 基礎酥油皮 ＋含油豆沙餡＋鹹蛋黃

金沙糬酥 P.136 基礎酥油皮 ＋含油豆沙餡＋麻糬	彩色芋頭酥 P.137 彩色酥油皮 ＋芋頭餡	彩色鳳梨酥 P.138~139 彩色酥油皮 ＋鳳梨餡

（20顆）

鳳梨酥

學習製作鳳梨酥皮、鳳梨酥餡

 材料

	名稱	份量	小叮嚀
基礎鳳梨酥皮	無鹽奶油	160g	室溫軟化
	糖粉	80g	過篩
	鹽	2g	-
	蜂蜜	5g	-
	全蛋液	50g	-
	低筋麵粉	300g	粉類一起過篩可避免結顆粒
	奶粉	25g	
	杏仁粉	15g	

	名稱	份量	小叮嚀
鳳梨餡	鳳梨果肉	350g	-
	麥芽糖	60g	-
	二砂糖	90g	-
	檸檬汁	6g	-
	無鹽奶油	6g	-

124

作法

● 鳳梨餡

① 鳳梨果肉用調理機，打成泥狀，取紗布袋濾除鳳梨汁。

② 將鳳梨果肉放入鍋中，炒熟炒軟收汁，加入麥芽糖、二砂糖繼續翻炒。

③ 加入檸檬汁、無鹽奶油繼續翻炒，炒到收乾、有彈性，放涼備用。

> *Point*
>
> 濾出之鳳梨汁別浪費，可以再利用，如製作P.68~69「鳳梨果凍布丁」，或者想做其他果凍、奶凍、果汁也可以。

④ 準備鳳梨酥專用模型。

⑤ 預爐：上火180℃、下火160℃。

● 基礎鳳梨酥皮

⑥ 採糖油拌合法製作。

⑦
將無鹽奶油打軟，加入過篩糖粉、鹽、蜂蜜一起打發，打到糖融化、呈現乳白色絨毛狀。

⑧
分次加入全蛋液拌勻，每次都需拌至蛋液完全吸收，才可再加。

⑨
加入一同過篩的低筋麵粉、奶粉、杏仁粉，用刮板拌勻成團。

⑩
以保鮮膜妥善封起，鬆弛30分鐘。

⑪ 分割鳳梨餡每個23g，共分割20個。

⑫ 分割鳳梨酥皮每個30g，共分割20個。

● 整形包餡

⑬

鳳梨酥皮放在手心輕輕壓扁，將內餡包入，滾圓壓模，確認四邊無縫隙，含模型一起擺上烤盤。

⑭
鋪上烤焙紙，再壓一個烤盤，以上火180℃、下火160℃、烤焙約20分鐘。

⑮ 雙手戴上手套，取下烤盤，將鳳梨酥一個一個翻面，再繼續烤10~20分鐘，烤到兩面呈金黃色。

⑯ 出爐後冷卻脫模，確認放涼了立即進行包裝。

（20顆）

巧克力鳳梨酥

學習製作變化鳳梨酥皮、
變化鳳梨酥餡

 材料

	名稱	份量	小叮嚀
巧克力鳳梨酥皮	無鹽奶油	160g	室溫軟化
	糖粉	80g	過篩
	鹽	2g	-
	蜂蜜	5g	-
	全蛋液	50g	-
	低筋麵粉	300g	粉類一起過篩可避免結顆粒
	奶粉	30g	
	可可粉	10g	

	名稱	份量	小叮嚀
鳳梨餡	鳳梨果肉	350g	-
	麥芽糖	60g	-
	二砂糖	90g	-
	檸檬汁	6g	-
	無鹽奶油	16g	-

作法

● 鳳梨餡

1 鳳梨果肉用調理機打成泥狀,取紗布袋濾除鳳梨汁。

2 將鳳梨果肉放入鍋中,炒熟炒軟收汁,加入麥芽糖、二砂糖繼續翻炒。

3 加入檸檬汁、無鹽奶油繼續翻炒,炒到收乾、有彈性,放涼備用。

Point
濾出之鳳梨汁別浪費,可以再利用,如製作 P.68 ~69「鳳梨果凍布丁」,或者想做其他果凍、奶凍、果汁也可以。

4 準備鳳梨酥專用模型。

5 預爐:上火 180℃、下火 160℃。

● 巧克力鳳梨酥皮

6 採糖油拌合法製作。

7
將無鹽奶油打軟,加入過篩糖粉、鹽、蜂蜜一起打發,打到糖融化、呈現乳白色絨毛狀。

8
分次加入全蛋液,每次都需拌至蛋液完全吸收,才可再加。

9
加入一同過篩的低筋麵粉、奶粉、可可粉,用刮板拌勻成團。

10
以保鮮膜妥善封起,鬆弛 30 分鐘。

11 分割鳳梨餡每個 23g,共分割 20 個。

12 分割鳳梨酥皮每個 30g,共分割 20 個。

● 整形包餡

13

鳳梨酥皮放在手心輕輕壓扁,將內餡包入,滾圓壓模,確認四邊無縫隙,含模型一起擺盤。

14
鋪上烤焙紙,再壓一個烤盤,以上火 180℃、下火 160℃、烤焙約 20 分鐘。

15 雙手戴上手套,取下烤盤,將鳳梨酥一個一個翻面,再繼續烤 10~20 分鐘,烤到兩面呈金黃色。

16 出爐後冷卻脫模,確認放涼了立即進行包裝。

127

（20顆）

龍眼鳳梨酥

學習製作變化鳳梨酥皮、變化鳳梨酥餡

材料

	名稱	份量	小叮嚀
變化鳳梨酥皮	無鹽奶油	160g	室溫軟化
	糖粉	80g	過篩
	鹽	2g	-
	蜂蜜	5g	-
	全蛋液	50g	-
	低筋麵粉	300g	粉類一起過篩可避免結顆粒
	奶粉	40g	

	名稱	份量	小叮嚀
龍眼鳳梨餡	鳳梨果肉	350g	-
	麥芽糖	50g	-
	二砂糖	80g	-
	檸檬汁	5g	-
	無鹽奶油	15g	-
	龍眼肉	100g	-

作法

● 龍眼鳳梨餡

① 鳳梨果肉用調理機打成泥狀，取紗布袋濾除鳳梨汁。

② 將鳳梨果肉放入鍋中，炒熟炒軟收汁，加入麥芽糖、二砂糖繼續翻炒。

③ 加入檸檬汁、無鹽奶油、龍眼肉翻炒，炒到收乾、有彈性，放涼備用。

Point

濾出之鳳梨汁別浪費，可以再利用，如製作 P.68 ~69「鳳梨果凍布丁」，或者想做其他果凍、奶凍、果汁也可以。

④ 準備鳳梨酥專用模型。

⑤ 預爐：上火 180℃、下火 160℃。

● 變化鳳梨酥皮

⑥ 採糖油拌合法製作。

⑦

將無鹽奶油打軟，加入過篩糖粉、鹽、蜂蜜一起打發，打到糖融化、呈現乳白色絨毛狀。

⑧

分次加入全蛋液，每次都需拌至蛋液完全吸收，才可再加。

⑨

加入一同過篩的低筋麵粉、奶粉，用刮板拌勻成團。

⑩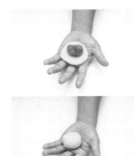

以保鮮膜妥善封起，鬆弛 30 分鐘。

⑪ 分割鳳梨餡每個 23g，共分割 20 個。

⑫ 分割鳳梨酥皮每個 30g，共分割 20 個。

● 整形包餡

⑬

鳳梨酥皮放在手心輕輕壓扁，將內餡包入，滾圓壓模，確認四邊無縫隙，含模型一起擺盤。

⑭

鋪上烤焙紙，再壓一個烤盤，以上火 180℃、下火 160℃、烤焙約 20 分鐘。

⑮ 雙手戴上手套，取下烤盤，將鳳梨酥一個一個翻面，再繼續烤 10~20 分鐘，烤到兩面呈金黃色。

⑯ 出爐後冷卻脫模，確認放涼了立即進行包裝。

Look

基礎酥油皮

學習製作小包酥的酥油皮

（12張皮）

材料

	名稱	份量	小叮嚀
油皮	中筋麵粉	95g	粉類一起過篩 可避免結顆粒
	糖粉	18g	
	豬油	36g	-
	鹽	1g	-
	水	40g	-
油酥	低筋麵粉	85g	
	豬油	42g	

● 油皮

1. 鋼盆加入鹽、一起過篩的中筋麵粉、糖粉，混合均勻。

2. 加入豬油拌勻。

3. 加入水（先留5g備用）拌勻，拌勻後再加入剩餘的水調合柔軟度。

4. 蓋上鋼盆或保鮮膜，鬆弛20分鐘，分割每個15g。

● 油酥

5. 鋼盆加入低筋麵粉、豬油壓拌均勻，分割每個10g。

● 組合

6.
拍開油皮，包入油酥

收口

擀捲第一次

桌面撒適量手粉，拍開油皮，包入油酥收口，收口朝上擀捲第一次。

7.
擀捲第二次

兩端捏緊

完成後，收口朝上拍開，擀捲第二次，兩端捏緊，鬆弛10分鐘。

8. 使用時一樣收口朝上，拍平擀開，擀約手掌心大小。

彩色酥油皮

學習製作大包酥的酥油皮

（12 張皮）

材料

	名稱	份量	小叮嚀
油皮	中筋麵粉	100g	粉類一起過篩可避免結顆粒
	糖粉	15g	
	豬油	40g	-
	鹽	1g	-
	水	40g	-
油酥	低筋麵粉	76g	過篩
	色粉	各1g	自選四色
	豬油	40g	-
色粉可用紅麴粉、薑黃粉、蝶豆花粉、抹茶粉、可可粉等天然粉類。			

● 油皮

① 鋼盆加入鹽、一起過篩的中筋麵粉、糖粉，混合均勻。

② 加入豬油拌勻。

③ 加入水（先留 5g 備用），拌勻後再加入剩餘的水調合柔軟度。

④ 蓋上鋼盆或保鮮膜，鬆弛 20 分鐘。

⑤ 將油皮一分為二，備用。

● 油酥

⑥ 鋼盆加入低筋麵粉、豬油壓拌均勻，分割四等份。

⑦ 分別加入色粉，揉拌均勻。

⑧ 每種顏色的油酥再一分為二，準備組合。

● 組合

⑨

拍開油皮，擺上油酥

折起收口

擀捲第一次

桌面撒適量手粉，拍開油皮，擺上油酥、折起收口，擀捲第一次。

⑩

擀捲第二次

輕輕拍開，擀捲第二次，鬆弛 10 分鐘。

⑪

完成兩份油皮包油酥，各切六等份，每份約 25g。

⑫ 剖面朝上，壓平擀開，擀約手掌心大小。

（12顆）

千層鳳梨酥

學習製作酥油皮產品、變化餡料

材料

	名稱	份量	小叮嚀
酥油皮	基礎酥油皮	12 份	P.130
內餡	鳳梨餡	360g	P.122
	鹹蛋黃	6 顆	切半
	米酒	適量	-
裝飾	蛋黃液	2 顆	-
	起司粉	適量	-

作法

❶

烤盤鋪上錫箔紙，擺上鹹蛋黃，噴適量米酒，以上下火 150℃，烤 10 分鐘備用。

❷ 預爐：設定上火 200℃、下火 180℃。

❸ P.130 備妥基礎酥油皮。

❹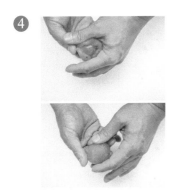

鹹蛋黃切半；鳳梨餡分割每個 30g，包入鹹蛋黃，滾圓備用。

❺

準備包餡，將酥油皮擀手掌大小，包入內餡收口。

❻ 收口部分要確實包緊，不能漏餡。

❼ 排入烤盤，表面刷兩次蛋黃液，撒上起司粉。

❽ 送入烤爐，以上火 200℃、下火 180℃、烤 20~25 分鐘。

❾ 出爐、冷卻後立即包裝。

Look

（12 顆）

蛋黃酥

學習製作酥油皮產品、變化餡料

材料

	名稱	份量	小叮嚀
酥油皮	基礎酥油皮	12 份	P.130
內餡	含油豆沙餡	360g	-
	鹹蛋黃	6 顆	切半
	蘭姆酒	適量	-
裝飾	蛋黃液	2 顆	-
	黑芝麻	適量	-

作法

1

烤盤鋪上錫箔紙，擺上鹹蛋黃，噴適量蘭姆酒，以上下火 150℃，烤 10 分鐘備用。

2 預爐：設定上火 200℃、下火 180℃。

3 P.130 備妥基礎酥油皮。

4

鹹蛋黃切半；含油豆沙餡分割每個 30g，中心用拇指壓一下，包入鹹蛋黃，滾圓備用。

5

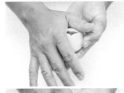

準備包餡，將酥油皮擀手掌大小，包入內餡收口。

6

收口部分要確實包緊實，不能漏餡，將蛋黃酥搓成天燈形狀。

7

排入烤盤，表面刷兩次蛋黃液，撒上黑芝麻點綴。

8 送入烤爐，以上火 200℃、下火 180℃、烤 20~25 分鐘。

9 出爐、冷卻後立即包裝。

金沙糬酥

本配方學習製作酥油皮產
品、變化餡料

（12 顆）

材料

	名稱	份量	小叮嚀
酥油皮	基礎酥油皮	12 份	P.130
內餡	含油豆沙餡	360g	-
	麻糬	12 顆	-
裝飾	蛋黃液	2 顆	-
	起司粉	適量	-

作法

① 預爐：設定上火 200℃、下火 180℃。

② P.130 備妥基礎酥油皮。

③ 含油豆沙餡分割每個 30g；麻糬準備 12 顆，若太大顆，就準備 6 顆一分為二。

④

含油豆沙餡中心用拇指壓一下，包入麻糬，滾圓備用。

⑤

準備包餡，將酥油皮擀手掌大小，包入內餡收口。

⑥

收口部分要確實包緊實，不能漏餡，將金沙糬酥搓成天燈形狀。

⑦

排入烤盤，表面刷兩次蛋黃液，撒上起司粉點綴。

⑧ 送入烤爐，以上火 200℃、下火 180℃、烤 20~25 分鐘。

⑨ 出爐、冷卻後立即包裝。

彩色芋頭酥

本配方學習製作酥油皮產品、變化餡料

（12顆）

材料

	名稱	份量	小叮嚀
酥油皮	彩色酥油皮	12份	P.131
芋頭餡	蒸熟芋頭	380g	-
	麥芽糖	100g	-
	無鹽奶油	10g	-

作法

 芋頭餡

① 芋頭去皮蒸熟，取380g，趁熱加入麥芽糖、無鹽奶油，拌勻備用。

Point
若太濕可以放入炒鍋中，小火翻炒收乾。

② 預爐：設定上火150℃、下火170℃。

③

P.131 備妥彩色酥油皮。

④ 芋頭餡分割每個40g。

⑤

準備包餡，將酥油皮擀手掌大小，包入內餡收口。

⑥

收口部分要確實包緊實，不能漏餡，將彩色芋頭酥搓成天燈形狀，排入烤盤。

⑦ 送入烤爐，以上火150℃、下火170℃、烤20~25分鐘。

⑧ 出爐、冷卻後立即包裝。

Look

（12 顆）

彩色鳳梨酥

學習製作酥油皮產品、變化餡料

材料

	名稱	份量	小叮嚀
酥油皮	彩色酥油皮	12 份	P.131
內餡	鳳梨餡	480g	P.122

作法

① 預爐：設定上火 150℃、下火 170℃。

② P.131 備妥彩色酥油皮。

③ 鳳梨餡可參考 P.122 自選製作，也可購買現成的鳳梨餡；將鳳梨餡分割每個 40g。

④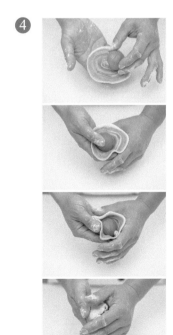

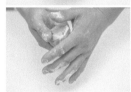

準備包餡，將酥油皮擀手掌大小，包入內餡收口。

⑤

收口部分要確實包緊實，不能漏餡，將彩色鳳梨酥搓成天燈形狀，排入烤盤。

⑥ 送入烤爐，以上火 150℃、下火 170℃、烤 20~25 分鐘。

⑦ 出爐、冷卻後立即包裝。

Point

大家有發現鳳梨餡的顏色不太一樣嗎？這是因為成品圖是自己炒的餡，步驟圖是市售的鳳梨餡，因為作法、選材上的差異，才會使成品顏色不同。

Look

（40片）

芝麻方塊酥

本配方是教大家如何製作方塊酥

材料

	名稱	份量	小叮嚀
油皮	中筋麵粉	100g	過篩
	細砂糖	10g	-
	鹽	1g	-
	沙拉油	3g	-
	水	63g	-

	名稱	份量	小叮嚀
油酥	無鹽奶油	130g	室溫軟化
	低筋麵粉	210g	過篩
	細砂糖	100g	-
	鹽	2g	-
裝飾	生白芝麻	40g	-
	水	適量	-

作法

1. 預爐：設定上火 200℃、下火 180℃。

● 油皮

2. 攪拌缸放入所有材料（水先留 5g 備用），用槳狀攪拌器快速打成團，加入剩餘的水調整濕潤度，打至光滑。

3.

搭配刮板將材料取出，放上桌面搓揉，揉出筋性。

> **Point**
>
> ※ 感覺黏是正常的，現階段注意不要使用手粉，用手粉的話比例就不正確了。
>
> ※ 配方到最後採用手揉的作法，這是因為量不多，攪拌缸不好打。

4. 蓋上鋼盆或保鮮膜，鬆弛 30 分鐘。

● 油酥

5. 鋼盆加入無鹽奶油、過篩低筋麵粉、細砂糖、鹽，以壓拌方式聚合成團。

6. 將油酥滾圓，準備進行大包酥。

● 組合

7.

油皮稍微擀開，包覆油酥，確實收口。

8.

擀開，麵皮朝中心折起

另一端也朝中心折起，此為三折第一次

轉向

擀開，麵皮朝中心折起

另一端也朝中心折起，此為三折第二次；重複擀→折→轉向的手法，麵皮共三折四次

以三折四次的方式，將麵皮擀成厚度 0.3cm 之長方形麵片。

> **Point**
>
> 操作期間要注意手粉足夠，才好操作。

9.

完成後，表面刷水，撒上生白芝麻，再以擀麵棍擀實，鬆弛 10 分鐘。

10. 將麵皮切割成 3x6cm 之長方形。

11.

有沾芝麻的面朝下，平均擺入烤盤。

12. 放入烤箱，以上火 200℃、下火 180℃、烤 12~15 分鐘，再燜 3 分鐘。

Look

（10顆）

綠豆椪

本配方是教大家如何製作綠豆椪

材料

	名稱	份量	小叮嚀
油皮	中筋麵粉	140g	粉類一起過篩可避免結顆粒
	糖粉	6g	
	豬油	55g	-
	鹽	1g	-
	水	68g	-
油酥	低筋麵粉	106g	過篩
	豬油	53g	-

	名稱	份量	小叮嚀
餡料	綠豆沙餡	600g	-
肉燥	豬油	5g	-
	油蔥酥	20g	-
	豬絞肉	80g	-
	香菇丁	15g	-
	醬油	8g	-
	二砂糖	3g	-
	白胡椒粉	1g	-
	鹽	適量	-

作法

① 預爐：設定上火 140℃、下火 150℃。

● **油皮**

② 鋼盆加入鹽、一起過篩的中筋麵粉、糖粉，混合均勻。

③ 加入豬油拌勻。

④ 加入水（先留 5g 備用）拌勻，拌勻後再加入剩餘的水調合柔軟度。

⑤ 蓋上鋼盆或保鮮膜，鬆弛 20 分鐘後，分割每個 25g。

● **油酥**

⑥ 鋼盆加入過篩低筋麵粉、豬油壓拌均勻，分割每個 15g。

● **餡料**

⑦ 綠豆沙餡分割每個 60g。

● **肉燥**

⑧ 鍋子加入豬油熱鍋，待油脂融化，加入油蔥酥翻炒爆香。

⑨ 加入豬絞肉，翻炒至絞肉五分熟。

⑩

依序加入香菇丁、醬油、二砂糖、白胡椒粉、鹽翻炒均勻，完成肉燥備用。

● **組合包餡**

⑪

桌面撒適量手粉，拍開油皮，包入油酥收口，收口朝上擀捲二次，兩端捏緊，鬆弛 10 分鐘完成酥油皮備用。

> *Point*
> 可參考 P.130 擀捲手法操作。

⑫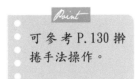

綠豆沙餡中心用拇指壓一下，包入 10g 肉燥。

⑬

桌面撒適量手粉，擀開酥油皮，包入綠豆沙＋肉燥餡。

⑭ 收口部份要確實包緊實，不能漏餡。

⑮

排入烤盤，稍微用手掌壓一下，壓成扁圓形，用適量酒精（或水）稀釋色膏，以擀麵棍沾取輕壓。

⑯ 送入烤爐，以上火 140℃、下火 150℃、烤 40~45 分鐘。

⑰ 出爐、冷卻後立即包裝。

Look

143

原味芝麻蛋卷

本配方是教大家如何製作蛋卷

材料

	名稱	份量	小叮嚀
麵糊	全蛋	220g	-
	中筋麵粉	120g	粉類一起過篩可避免結顆粒
	玉米粉	6g	
	泡打粉	2g	
	無鹽奶油	100g	-
	細砂糖	100g	-
	鹽	1g	-
風味材料	生黑芝麻	適量	-

作法

① 準備卡式爐、蛋卷烤模與周邊器具。

> *Point*
>
> 沒有專業烤模的朋友,可以用平底鍋操作,採倒入畫圓的方式完成塑形,單面加熱至熟再翻面操作,加熱至兩面金黃。這個作法的缺點是麵皮會比較厚,沒辦法捲出厚薄均一的蛋卷,另外也要注意操作安全性,平底鍋邊緣也是很燙的。

② 鋼盆加入無鹽奶油,以隔水加熱的方式融化備用。

③

將全蛋打散,依序加入細砂糖拌勻,加入融化無鹽奶油拌勻。

④

中筋麵粉、玉米粉、泡打粉一起過篩,加入蛋糊內拌勻,加入鹽拌勻。

⑤

加入生黑芝麻拌勻,靜置 30 分鐘。

⑥ 蛋卷烤模兩面均要預熱。

⑦

湯匙挖一勺麵糊,放置烤模 2/3 處,馬上闔起,開始加熱蛋皮。

⑧

用中火持續加熱,雙面都要平均烤熟,烤成金黃色,全程約 45 秒左右。

⑨

打開模具,用木質叉子將餅皮脫離烤模。

⑩

以木棒為中心,順勢捲起,捲起後,稍微放涼。

⑪ 抽出木棒後,可再交替烤蛋卷,注意操作過程中,全程要戴棉紗手套,以免燙傷。

Look

肉鬆海苔蛋卷

本配方是教大家如何製作蛋卷

	名稱	份量	小叮嚀
麵糊	全蛋	220g	-
	中筋麵粉	120g	粉類一起過篩可避免結顆粒
	玉米粉	6g	
	泡打粉	2g	
	無鹽奶油	100g	-
	細砂糖	100g	-
	鹽	1g	-
風味材料	肉鬆	適量	-
	海苔	適量	-

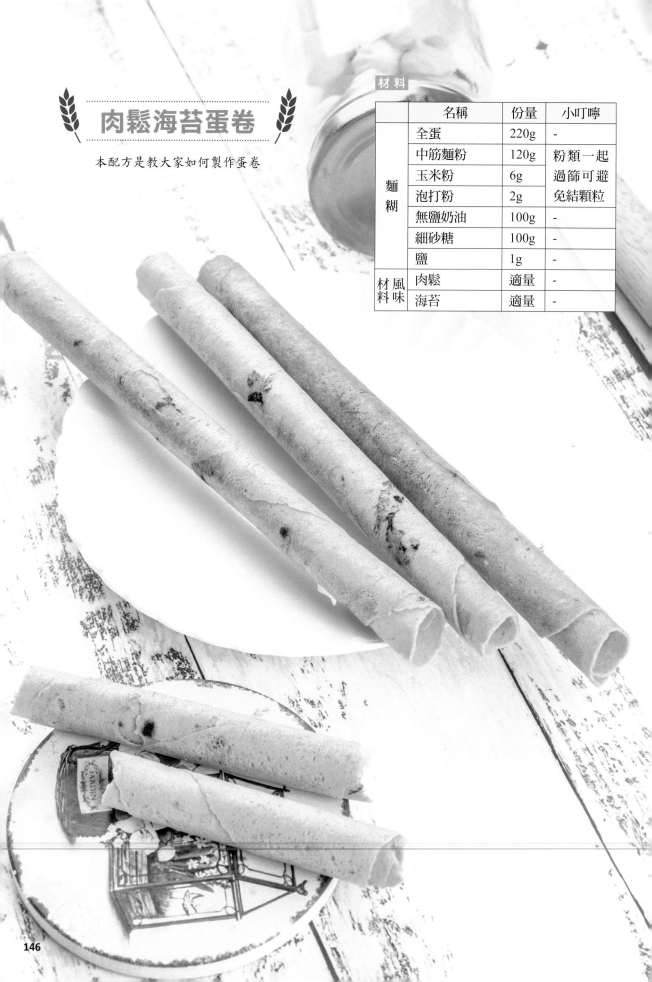

作法

① 準備卡式爐、蛋卷烤模與周邊器具。

> *Point*
>
> 沒有專業烤模的朋友，可以用平底鍋操作，採倒入畫圓的方式完成塑形，單面加熱至熟再翻面操作，加熱至兩面金黃。這個作法的缺點是麵皮會比較厚，沒辦法捲出厚薄均一的蛋卷，另外也要注意操作安全性，平底鍋邊緣也是很燙的。

② 鋼盆加入無鹽奶油，以隔水加熱的方式融化備用。

③

將全蛋打散，依序加入細砂糖拌勻，加入融化無鹽奶油拌勻。

④

中筋麵粉、玉米粉、泡打粉一起過篩，加入蛋糊內拌勻，加入鹽拌勻。

⑤

加入肉鬆、海苔拌勻，靜置 30 分鐘。

⑥ 蛋卷烤模兩面均要預熱。

⑦

湯匙挖一勺麵糊，放置烤模 2/3 處，馬上闔起，開始加熱蛋皮。

⑧ 用中火持續加熱，雙面都要平均烤熟，烤成金黃色，全程約 45 秒左右。

⑨ 打開模具，用木質叉子將餅皮脫離烤模。

⑩

以木棒為中心，順勢捲起，捲起後，稍微放涼。

⑪ 抽出木棒後，可再交替烤蛋捲，注意操作過程中，全程要戴棉紗手套，以免燙傷。

Look

核桃杏仁瓦片

本配方是教大家如何製作杏仁瓦片

材料

名稱	份量	小叮嚀
蛋白	70g	-
細砂糖	60g	-
低筋麵粉	40g	-
無鹽奶油	30g	-
碎核桃	30g	建議用生的碎核桃
杏仁片	80g	-

作法

① 預爐：上下火 150℃。

② 鋼盆加入無鹽奶油，以隔水加熱的方式融化備用。

③ 準備烤盤，上面先鋪一層烘焙紙，備用。

④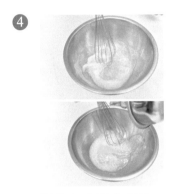

鋼盆加入蛋白打散，依序加入細砂糖、融化無鹽奶油拌勻。

⑤

低筋麵粉過篩，加入蛋糊內拌勻。

⑥

加入碎核桃、杏仁片拌勻。

> **Point**
> 用烤過的碎核桃再烤可能會出現油耗味，因此建議用生碎核桃。

⑦

湯匙挖一勺麵糊，放入鋪上烘焙紙的烤盤，每次放的量要一致。

⑧

用湯匙與指腹將核桃杏仁瓦片鋪平，邊緣盡量與中心厚薄一致。

⑨ 送入烤箱，以上下火 150℃、烤焙約 15~18 分鐘，呈金黃色。

> **Point**
> 放的量一致＋厚薄一致，烘烤時核桃杏仁瓦片才會上色均勻，不會有邊緣上色過深的情況。

⑩ 出爐後連同烘焙紙，一起移到涼架上放涼。

⑪ 接下來要特別注意，烤好後稍微放涼，放涼到「微溫時」就要封裝，以免反潮。

Look

（牛軋糖盤子尺寸：34.5×25×1.5cm）

牛軋糖

本配方是教大家如何製作牛軋糖

材料

名稱	份量	小叮嚀
細砂糖（A）	320g	-
水	80g	-
水麥芽	360g	-
鹽	5g	-
蛋白	80g	-
細砂糖（B）	50g	-
無鹽奶油	100g	也可以用沙拉油替代
全脂奶粉	210g	-
熟花生	500~600g	-

作法

① 首先將無鹽奶油（或沙拉油）、全脂奶粉、熟花生放入不銹鋼盤，送入烤箱以 100℃ 保溫。

②

鍋子加入細砂糖（A）、水、水麥芽、鹽，中火熬煮至 120℃。

> *Point*
> 期間不需太常攪拌，避免有結晶反應。

③ 立即將蛋白、細砂糖（B）一同打發，打到硬性發泡，完成蛋白霜備用。

④

待材料熬煮到 145℃ 時，慢慢加入打發蛋白霜中，轉快速繼續打發。

> *Point*
> 若只加熱到 130℃，拿起來會軟軟的，呈手捏可以彎曲的狀態；若加熱至 140℃，手捏會有堅硬的感覺，滴入冰水中呈水滴狀。
>
>

⑤

加入保溫中融化的無鹽奶油（或沙拉油），快速拌勻。

⑥

加入全脂奶粉拌勻。

⑦

加入熟花生拌勻。

⑧

將牛軋糖放入耐熱三斤袋內，置入烤盤，用擀麵棍擀平塑形。

> *Point*
> 有烤盤會比較好塑形，切出來的長寬高一致，如果沒有就盡量擀至厚薄一致即可。

⑨

取下耐熱三斤袋，將成品靜置放涼，切塊，切高 1.5、寬 1.5、長 4.5 cm，用糯米紙包裹。

⑩ 再用牛軋糖專用袋包裝，完成～

（牛軋糖盤子尺寸：
34.5×25×1.5cm）

巧克力牛軋糖

本配方是教大家如何製作牛軋糖

材料

名稱	份量	小叮嚀
細砂糖（A）	320g	-
水	80g	-
水麥芽	360g	-
鹽	5g	-
蛋白	80g	-
細砂糖（B）	50g	-
無鹽奶油	100g	素食者也可以用沙拉油替代
全脂奶粉	190g	-
可可粉	30g	-
熟花生	500g	-

作法

1 首先將無鹽奶油（或沙拉油）、全脂奶粉、可可粉、熟花生放入不銹鋼鐵盤，送入烤箱以 100℃ 保溫。

2

鍋子加入細砂糖（A）、水、水麥芽、鹽，中火熬煮至 120℃。

> **Point**
> 期間不需太常攪拌，避免有結晶反應。

3 立即將蛋白、細砂糖（B）一同打發，打到硬性發泡，完成蛋白霜備用。

4

待材料熬煮到 145℃ 時，慢慢加入打發蛋白霜中，轉快速繼續打發。

> **Point**
> 若只加熱到 130℃，拿起來會軟軟的，呈手捏可以彎曲的狀態；若加熱至 140℃，手捏會有堅硬的感覺，滴入冰水中呈水滴狀。

5

加入保溫中融化的無鹽奶油（或沙拉油），快速拌勻。

6

加入全脂奶粉、可可粉拌勻。

7

加入熟花生拌勻。

8

將巧克力牛軋糖放入耐熱三斤袋內，置入烤盤中，用擀麵棍擀平塑形。

> **Point**
> 有烤盤會比較好塑形，切出來的長寬高一致，如果沒有就盡量擀至厚薄一致即可。

9

取下耐熱三斤袋，將成品靜置放涼，切塊，切高 1.5、寬 1.5、長 4.5 cm，用糯米紙包裹。

10 用牛軋糖專用袋包裝，完成～

（牛軋糖盤子尺寸：
34.5×25×1.5cm）

咖啡牛軋糖

本配方是教大家如何製作牛軋糖

名稱	份量	小叮嚀
細砂糖（A）	320g	-
水	80g	-
水麥芽	360g	-
鹽	5g	-
蛋白	80g	-
細砂糖（B）	50g	-
無鹽奶油	100g	素食者也可以用沙拉油替代
全脂奶粉	190g	-
咖啡粉	40g	-
熟花生	500g	-

154

作法

① 首先將無鹽奶油（或沙拉油）、全脂奶粉、咖啡粉、熟花生放入不銹鋼鐵盤，送入烤箱以 100℃ 保溫。

②

鍋子加入細砂糖（A）、水、水麥芽、鹽，中火熬煮至 120℃。

Point

期間不需太常攪拌，避免有結晶反應。

③ 立即將蛋白、細砂糖（B）一同打發，打到硬性發泡，完成蛋白霜備用。

④

待材料熬煮到 145℃時，慢慢加入打發蛋白霜中，轉快速繼續打發。

Point

若只加熱到 130℃，拿起來會軟軟的，呈手捏可以彎曲的狀態；若加熱至 140℃，手捏會有堅硬的感覺，滴入冰水中呈水滴狀。

⑤

加入保溫中融化的無鹽奶油（或沙拉油），快速拌勻。

⑥

加入全脂奶粉拌勻，加入咖啡粉拌勻。

⑦ 加入熟花生拌勻。

⑧

將咖啡牛軋糖放入耐熱三斤袋內，置入烤盤中，用擀麵棍擀平塑形。

Point

有烤盤會比較好塑形，切出來的長寬高一致，如果沒有就盡量擀至厚薄一致即可。

⑨ 取下耐熱三斤袋，將成品靜置放涼，切塊，切高 1.5、寬 1.5、長 4.5 cm，用糯米紙包裹。

⑩ 用牛軋糖專用袋包裝，完成～

（尺寸：34.5×25×1.5cm）

南棗桂圓核桃糕

本配方是教大家如何製作南棗桂圓核桃糕

材料

名稱	份量	小叮嚀
細砂糖	70g	-
水（A）	40g	-
水麥芽	650g	-
鹽	5g	-
棗泥醬	500g	-
玉米粉	150g	-
水（B）	150g	-
檸檬汁	20g	-
無鹽奶油	60g	素食者也可以用沙拉油替代
桂圓	200g	切丁
核桃仁	500g	烤過

作法

① 首先將核桃仁放入烤箱，以上下火 150℃ 烤 20 分鐘。

② 烤熟後稍微放涼，將核桃仁剝開。

③ 鋼盆加入無鹽奶油，以隔水加熱的方式融化備用。

④ 桂圓切成粗丁狀。

⑤

鍋子加入細砂糖、水（A）、水麥芽、鹽，中火熬煮至 100℃，加入棗泥醬熬煮均勻。

Point

加棗泥餡前不需太常攪拌，避免有結晶反應。

⑥

玉米粉、水（B）、檸檬汁先拌勻，拌勻後加入熬煮。

⑦

加入無鹽奶油（或沙拉油）熬煮到濃稠狀，不易流動，此時就是在調整自己喜歡的濃稠度了。

⑧

熄火，加入桂圓丁、烤過的核桃仁拌勻。

⑨

將南棗桂圓核桃糕放入耐熱三斤袋內，置入烤盤中，用擀麵棍擀平塑形。

Point

有烤盤會比較好塑形，切出來的長寬高一致，如果沒有就盡量擀至厚薄一致即可。

⑩

取下耐熱三斤袋，將成品靜置放涼，切塊，切高 1.5、寬 1.5、長 4.5 cm，用糯米紙包裹封裝，完成～

Look

Part *6*

鄉村點心篇

（八吋 1 個）

低脂 Q 彈鹹蛋糕

本配方是教大家製作少糖、無奶油的低脂鹹蛋糕

材料

	名稱	份量	小叮嚀
蛋白糊	蛋白	63g	常溫
	沙拉油	55g	-
	鮮奶	124g	-
	低筋麵粉	124g	過篩
蛋白霜	蛋白	205g	冷藏
	細砂糖	95g	-

	名稱	份量	小叮嚀
裝飾	海苔肉鬆	適量	-
	青蔥花	適量	-
	黑胡椒粒	適量	-

作法

① 預爐：上火 190℃、下火 160℃。

● **蛋白糊**

②

鋼盆加入沙拉油、鮮奶煮至 65℃，熄火。

③

加入過篩低筋麵粉，快速攪拌至無顆粒。

④

分次加入蛋白拌勻，完成蛋白糊備用。

● **蛋白霜**

⑤ 乾淨鋼盆加入蛋白，中速打至粗泡泡出現。

⑥ 分次加入細砂糖，轉快速打至濕性發泡。

⑦

再轉中速打至硬式發泡，完成蛋白霜。

● **組合裝飾**

⑧

取 1/3 蛋白霜，倒入蛋白糊中拌勻。

⑨

拌勻後，再將剩餘蛋白霜倒入蛋白糊中拌勻，加入黑胡椒粒拌勻。

⑩

倒入八吋模中，先倒約模具的一半高度，撒上海苔肉鬆。

⑪

再將剩餘的麵糊倒滿模具，撒上海苔肉鬆、青蔥花，輕敲模具，震出麵糊中的氣泡，準備入爐。

⑫ 以上火 190℃、下火 160℃ 先烤 10 分鐘，烤至表面上色後，溫度調整為上火 180℃、下火 150℃、烤 20~25 分鐘。

⑬

出爐輕敲倒扣放涼，脫模即可。

（八吋 1 個）

慢城鄉村椒香蛋糕

本配方是教大家製作少糖、無奶油的變化款蛋糕

材料

	名稱	份量	小叮嚀
蛋白糊	蛋白	63g	常溫
	沙拉油	55g	-
	鮮奶	124g	-
	低筋麵粉	124g	過篩
蛋白霜	蛋白	205g	冷藏
	細砂糖	95g	-

	名稱	份量	小叮嚀
其他	剝皮辣椒	適量	-
	南瓜籽	適量	-

作 法

① 預爐：上火 190℃、下火 160℃。

● **蛋白糊**

②

鋼盆加入沙拉油、鮮奶煮至 65℃，熄火。

③

加入過篩低筋麵粉，快速攪拌至無顆粒。

④

分次加入蛋白拌勻，完成蛋白糊備用。

● **蛋白霜**

⑤ 乾淨鋼盆加入蛋白，中速打至粗泡泡出現。

⑥ 分次加入細砂糖，轉快速打至濕性發泡。

⑦

再轉中速打至硬式發泡，完成蛋白霜。

● **組合裝飾**

⑧

取 1/3 蛋白霜，倒入蛋白糊中拌勻。

⑨

拌勻後，再將剩餘蛋白霜倒入蛋白糊中拌勻，加入剝皮辣椒拌勻。

⑩

倒入八吋模中，倒約八分滿，用手指或竹籤畫圈，消除麵糊中的空隙。

⑪

表面撒上南瓜籽，準備入爐。

⑫ 以上火 190℃、下火 160℃ 先烤 10 分鐘，烤至表面上色後，溫度調整為上火 180℃、下火 150℃、烤 20~25 分鐘。

⑬ 出爐輕敲倒扣放涼，脫模即可。

（90g/6 顆）

焦糖蜂巢蛋糕

本配方是教大家製作燙麵
的蜂巢蛋糕

材料

	名稱	份量	小叮嚀
蛋糕麵糊	蜂蜜	60g	-
	煉乳	100g	-
	沙拉油	45g	-
	全蛋	100~120g	約 2 顆中、大型蛋
	低筋麵粉	90g	粉類一起過篩可避免結顆粒
	小蘇打粉	4g	

細砂糖	35g	-
黑糖	35g	-
熱水	110g	-

作法

① 預爐：上火 160℃、下火 160℃。

②
鋼盆加入蜂蜜、煉乳、沙拉油，以打蛋器拌勻。

③
分次加入全蛋拌勻，每次加入都必須打到蛋液完全與材料混勻，才能再加入。

④
低筋麵粉、小蘇打粉一起過篩，加入蛋糊內拌勻。

⑤
乾淨鋼盆加入細砂糖、黑糖、30g 熱水，中小火慢慢煮成焦糖，煮製期間不攪拌，避免砂糖產生結晶反應。

⑥
分次慢慢加入剩餘熱水，一樣不攪拌，如果感覺邊緣快燒焦了，可以把鍋子稍微離火，單手握住鍋柄，以平行畫圓的方式緩和鍋內狀態，慢慢煮沸。

Point
因為溫度落差的關係，此時加入鍋內會冒出大量水蒸氣，需特別注意，不要被燙到。

⑦
沖入麵糊內拌勻，以保鮮膜封起，靜置 25 分鐘。

⑧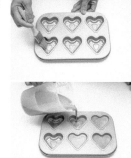
模具刷油，將靜置完成的麵糊倒入烤模，準備入爐。

⑨ 以上下火 160℃、烤 40 分鐘，烤熟出爐，放涼脫模即可。

Look

（18g/20個）

苦甜巧克力布朗尼

本配方是教大家製作美味
的布朗尼

材料

	名稱	份量	小叮嚀
麵糊	苦甜巧克力	75g	-
	無鹽奶油	55g	-
	可可粉	8g	過篩
	細砂糖	35g	-
	黑糖	35g	過篩
	鹽	1g	-

名稱	份量	小叮嚀
全蛋	80g	約2顆小型蛋
鮮奶	15g	-
低筋麵粉	40g	過篩
堅果碎	50g	建議用生的，用烤過的再下去烤會有油耗味

作法

① 預爐：上下火 170℃。

② 可可粉、黑糖、低筋麵粉分別過篩備用。

③

鋼盆加入苦甜巧克力、無鹽奶油，以中小火煮至融化、冒泡泡，熄火。

④

加入過篩可可粉拌勻。

⑤

加入細砂糖、鹽拌勻。

⑥

分次加入全蛋拌勻，加入鮮奶拌勻。

⑦

加入過篩黑糖拌勻，加入過篩低筋麵粉拌勻。

⑧

最後加入堅果碎拌勻，整個過程要迅速確實，避免麵糊溫度下降。

⑨

將麵糊倒入杯子，再倒入矽膠模具內，準備入爐。

⑩ 以上下火 170℃、烤 18~25 分鐘，烤熟後出爐放涼，脫模即可食用～

（四吋 6 個）● 熟皮 / 熟餡

相思塔

本配方是教大家製作美味的相思塔

材料

名稱	份量	小叮嚀
低筋麵粉	90g	粉類一起過篩可避免結顆粒
高筋麵粉	35g	
糖粉	50g	
發酵奶油	45g	冷藏
全蛋液	30g	-

（塔皮）

名稱	份量	小叮嚀
煮熟紅豆顆粒	250g	-
細砂糖	60g	-
水麥芽	20g	-
發酵奶油	20g	-
動物性鮮奶油	40g	-
起司粉	1g	-

（紅豆餡）

作法

● **塔皮**

① 預爐：上下火 210℃。

② 先將高筋、低筋麵粉
混合均勻，與糖粉過
篩備用。

③

桌面放上粉類，中心
築粉牆，放入發酵奶
油，以切拌法拌至粉
粒狀。

④

分次加入全蛋液，每次
都要拌到蛋液均勻與
材料混勻，才可再加。

⑤

以保鮮膜封起，室溫
鬆弛 10 分鐘。

⑥

麵團取出碾長，分割
40g，捏入四吋圓框，
鋪上裁切好的烤焙紙，
放入重石或生紅豆、
生綠豆。

⑦ 塔皮以上下火 210℃、
烤 15 分鐘，將塔皮烤
熟，放涼脫模備用。

● **紅豆餡**

⑧ 煮熟的紅豆餡過濾掉
紅豆水，取淨重約
250g 備用。

⑨

使用不沾平底鍋具，
依序加入煮熟紅豆顆
粒、細砂糖、水麥芽，
小火翻炒至水分收乾。

⑩

加入動物性鮮奶油拌
勻，加入起司粉、發酵
奶油拌勻，關火放涼。

Point

※ 煮的時候可以
選擇是否保留紅
豆顆粒，想保留
就要小心拌炒，
避免紅豆破掉；
不想保留就用壓
的方式把紅豆粒
壓扁，炒出泥沙
狀質感。

※ 我個人會喜歡
一部分壓、一部
分不壓，這樣入
口的時候可以吃
到沙也可以吃到
粒，卡促咪（比
較有趣）~

● **組合**

⑪ 取適量放涼紅豆餡填
入烤好的塔皮內即可。

Point

紅豆熬煮好，趁
微溫時倒入，更
加光亮好看哦~

流心起司塔

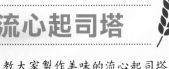

本配方是教大家製作美味的流心起司塔

材料

名稱	份量	小叮嚀
塔皮		
低筋麵粉	90g	粉類一起過篩可避免結顆粒
高筋麵粉	35g	
糖粉	50g	
發酵奶油	45g	冷藏
全蛋液	30g	-

名稱	份量	小叮嚀
乳酪餡		
鮮奶	105g	-
細砂糖	35g	-
動物性鮮奶油	50g	-
奶油乳酪	80g	-
帕瑪森起司粉	3g	-
檸檬汁	10g	-
玉米粉	10g	-
裝飾	蛋黃液	適量	-

作法

● 塔皮

① 預爐：上下火 210℃。

② 先將高筋、低筋麵粉混合均勻，與糖粉過篩備用。

③

桌面放上粉類，中心築粉牆，放入發酵奶油，以切拌法拌至粉粒狀。

④

分次加入全蛋液，每次都要拌到蛋液均勻與材料混勻，才可再加。

⑤

以保鮮膜封起，室溫鬆弛 10 分鐘。

⑥

麵團取出碾長，分割 40g，捏入四吋圓框，鋪上裁切好的烤焙紙，放入重石或生紅豆、生綠豆。

⑦ 塔皮以上下火 210℃、烤 15 分鐘，將塔皮烤熟，放涼脫模備用。

● 乳酪餡

⑧

鍋子加入鮮奶、細砂糖、動物性鮮奶油，小火加熱拌勻。

⑨

加入奶油乳酪、帕瑪森起司粉拌勻，繼續煮至濃稠。

⑩

另外將檸檬汁與玉米粉拌勻。

⑪

把煮至濃稠的乳酪糊沖入檸檬汁內拌勻，此時如果太過濃稠，可以隔水加熱讓麵糊恢復流動性。

● 組合

⑫ 乳酪餡填入烤熟的塔皮中，內餡靜置冷卻。表面塗抹上蛋黃液再烘烤。

⑬ 以上下火 230℃、烤 5 分鐘後，抹上蛋黃液再烤 2 ～ 3 分鐘，烤至表面上色即可。

（四吋 6 個 ● 熟皮 / 熟餡）

夢幻清 C 塔

本配方是教大家製作色澤瑰麗
的蝶豆花塔

材料

	名稱	份量	小叮嚀
塔皮	低筋麵粉	90g	粉類一起過篩可避免結顆粒
	高筋麵粉	35g	
	糖粉	50g	
	發酵奶油	45g	冷藏
	全蛋液	30g	-

	名稱	份量	小叮嚀
卡士達餡	蝶豆花水	205g	-
	細砂糖	100g	-
	全蛋	60g	-
	無鹽奶油	15g	-
	檸檬汁	60g	-
	玉米粉	45g	-
	開水	36g	-
裝飾	檸檬皮屑	適量	-

作法

● 塔皮

1 預爐：上下火 210℃。

2 先將高筋、低筋麵粉混合均勻，與糖粉過篩備用。

3

桌面放上粉類，中心築粉牆，放入發酵奶油，以切拌法拌至粉粒狀。

4

分次加入全蛋液，每次都要拌到蛋液均勻與材料混勻，才可再加。

5

以保鮮膜封起，室溫鬆弛 10 分鐘。

6

麵團取出碾長，分割 40g，捏入四吋圓框，鋪上裁切好的烤焙紙，放入重石或生紅豆、生綠豆。

7 塔皮以上下火 210℃、烤 15 分鐘，將塔皮烤熟，放涼脫模備用。

● 卡士達餡

8

將玉米粉、全蛋、開水拌勻，過篩三次備用。

9

鋼盆加入蝶豆花水、細砂糖、無鹽奶油煮沸。

10

沖入步驟 8 中，加入檸檬汁，隔水加熱煮至濃稠，關火。

11

再將煮好的卡士達內餡填入稍早烤好的塔皮中，靜置即可。

12 撒上適量檸檬皮屑，完成～

蜜香果乾沙琪瑪

本配方是教大家製作烤的沙琪瑪

材料

	名稱	份量	小叮嚀
沙琪瑪泡芙體	水	185g	-
	沙拉油	185g	-
	低筋麵粉	185g	過篩
	全蛋	485g	-

※ 使用泡芙體 385g

	名稱	份量	小叮嚀
糖漿	水	90g	-
	水麥芽	225g	-
	無鹽奶油	38g	-
	海藻糖	120g	-
	鹽	2g	-
	蜂蜜	70g	-
其他	蔓越莓乾	適量	-
	熟白芝麻	少許	-

作法

① 預爐：上火 185℃、下火 160℃。

● 沙琪瑪泡芙體

②

雪平鍋倒入水、沙拉油，中大火煮沸。

③

加入過篩低筋麵粉拌勻。要用小火煮至乾皮，倒入攪拌缸。

Point
乾皮是煮至鍋邊有點乾乾的皮，呈現表面乾、內裏溼之狀態。

④

倒入攪拌缸，使用槳狀攪拌器、轉中速，不降溫加入全蛋，用中速打約 20 分鐘。

⑤

打至呈倒三角形不滴落，用保鮮膜妥善封起，要烤時再裝入擠花袋（要有花嘴）。

⑥

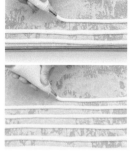

裝入擠花袋中，烤盤鋪上烤焙紙，麵糊擠長條，準備烤焙。

⑦ 以上火 185℃、下火 160℃，先烤 15 分鐘。

⑧ 雙手戴上手套，將烤盤轉向再烤 12 分鐘，烤至上色熟成，若未上色再續烤 3 分鐘。

⑨

烤熟出爐，放涼，切成長條狀備用。

● 糖漿

⑩

水、水麥芽、海藻糖煮至 118℃，關火備用。

⑪

無鹽奶油、鹽隔水加熱，煮至融化，加入蜂蜜煮勻。

⑫
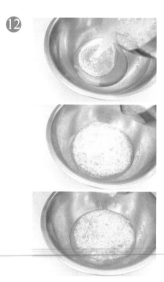

將步驟 10 倒入步驟 11 中，迅速拌勻。

● 組合

⑬

將糖漿倒入烤好的沙琪瑪泡芙中，迅速拌勻。

⑭ 準備一個合適大小的方框，本配方用的是長 30 寬 20 高 6cm 的模具。

⑮

烤盤先墊上保鮮膜，放上模具，撒上適量蔓越莓乾，鋪入第一層泡芙。

⑯ 鋪完第一層泡芙，再撒上蔓越莓乾。

⑰

鋪上第二層泡芙，鋪滿，每層泡芙都要補滿空洞，放上保鮮膜用擀麵棍壓實。

⑱

撒上蔓越莓乾，鋪上保鮮膜，用擀麵棍壓平。

⑲

取下保鮮膜，撒上熟白芝麻，再蓋回保鮮膜，用擀麵棍確實壓平。

⑳

放置 15 分鐘左右，待糖冷卻後，再脫模切割。

㉑ 切割的長、寬、高，可依自己購入的包裝紙大小調整。

巧口鳳梨酥

（17g/50個）

本配方是教大家製作一口鳳梨酥

材料

	名稱	份量	小叮嚀
鳳梨酥皮	無鹽奶油	190g	室溫軟化
	糖粉	60g	過篩
	奶粉	2g	粉類一起過篩可避免結顆粒
	中筋麵粉	350g	
	帕瑪森起司粉	2g	
	全蛋液	1 顆	-
內餡	鳳梨餡	250g	P.122
裝飾	蛋黃	適量	-

作法

① 預爐：上火 200℃、下火 150℃。

● **鳳梨酥皮**

②

鋼盆加入無鹽奶油、過篩糖粉，打發至微白。

③ 奶粉、中筋麵粉、帕瑪森起司粉一起過篩。

④

全蛋液分次加入步驟 2 拌勻，同時將過篩粉類慢慢加入拌勻。

⑤

拌成鬆散的團狀後，放到桌面壓拌成團。

⑥ 鳳梨酥皮分割 12g，共約 50 個。

⑦ 鳳梨餡分割 5g，共分割 50 個，

● **組合**

⑧

桌面撒上適量手粉，拍開鳳梨酥皮。

⑨

包入鳳梨餡，整形成圓形後，間距均等排入烤盤。

⑩ 表面刷上兩次蛋黃。

⑪ 以上火 200℃、下火 150℃，先烤 12 分鐘。

⑫

雙手戴上手套，將烤盤調頭再烤 8~10 分鐘。

 Look

（耐烤布丁杯 90g/ 約 9 杯）

焦香豆奶布丁

本配方是教大家製作豆奶布丁

材料

布丁液	名稱	份量	小叮嚀
	無糖豆奶	575g	-
	奶水	6g	-
	細砂糖	130g	-
	全蛋	350g	-
	蛋黃	2 顆	-
	香草粉	3g	-

焦糖液	名稱	份量	小叮嚀
	細砂糖	100g	-
	水	30g	-

作 法

① 預爐：上下火 150℃。

● 焦糖液

②

雪平鍋加入細砂糖，中小火慢慢煮成焦黃色。

③ 煮製其間盡量少做攪拌動作，避免砂糖結晶化。

Point
如果感覺快燒焦了，可以將鍋子離火，以平行畫圓方式搖晃鍋子，或者拌勻開快焦化的地方。

● 焦糖液

④

轉小火加入 30g 水煮勻。

Point
因為溫差關係，此時產生劇烈的水蒸氣是正常現象，要特別小心。

⑤

平均分入耐烤布丁杯中。

● 布丁液

⑥

鋼盆加入奶水、細砂糖、全蛋、蛋黃、香草粉，充分拌勻備用。

⑦

無糖豆奶煮至 70℃，沖入蛋糊內拌勻，再過篩兩次。

⑧

平均倒入耐烤布丁杯中，倒約 9 分滿。

⑨

間距相等排入深烤盤內，並注入約 1cm 高的溫水（水溫約 70℃）。

⑩

在耐烤布丁杯上方蓋上錫箔紙、烤盤，隔水烘烤。

⑪ 以上下火 150℃，先烤 45 分鐘，再視熟成狀況決定是否延長烤焙時間，再烤 5 分鐘。

Look

艾草豆漿生乳卷

將長輩做粄的食材，融入米蛋糕卷
中，激發出不同的食用香氣及新口感

材料

	名稱	份量	小叮嚀
蛋黃糊	艾草粉	10g	市售
	蛋黃	300g	-
	三實赤藻糖醇	25g	-
	椰子油	60g	-
	無糖豆漿	60g	-
	哇好糙米米穀粉	150g	過篩

	名稱	份量	小叮嚀
蛋白霜	蛋白	300g	冷藏
	三實赤藻糖醇	60g	-
	檸檬汁	3g	-
內餡	動物性鮮奶油	120g	冷藏
	三實赤藻糖醇	10g	-

作法

① 預爐：上火 180℃、下火 120℃。

② 白報紙裁切適當大小，鋪入烤盤備用。

● 蛋黃糊

③

鋼盆加入蛋黃，快速打發變白。

④

依序加入艾草粉、三實赤藻糖醇、椰子油、無糖豆漿拌勻

⑤

加入過篩哇好糙米米穀粉，拌至無顆粒。

● 蛋白霜

⑥ 鋼盆加入蛋白，快速打至起泡。

⑦

加入三實赤藻糖醇、檸檬汁，打至濕性發泡、呈大彎勾後停止。

⑧

取 1/3 蛋白霜，混入蛋黃糊拌勻。

⑨

將拌勻的蛋黃糊倒入剩餘的蛋白霜中，輕柔切拌均勻。

⑩ 麵糊倒入鋪上白報紙的烤盤，用硬式刮板推至平整。

⑪ 入爐前輕敲模具，震出麵糊中的氣泡。

⑫

於白報紙及烤盤側邊塗抹適量蛋糕麵糊，避免白報紙於烤焙期間內傾倒，壓到蛋糕體。

⑬ 以上火 180℃、下火 120℃、烤 25 分鐘。

⑭

出爐前輕拍蛋糕體表面，有沙沙聲，即可出爐。

⑮ 輕敲，震出蛋糕內的熱氣，將四邊的紙撕除，蛋糕體置於涼架上。

● 內餡

⑯ 動物性鮮奶油、三實赤藻糖醇，隔冰打發至表面出現紋路，約七分發。

● 組合

⑰ 在放涼蛋糕體上用抹刀抹平內餡，參考 P.40 擀捲定型，修飾切邊。

Point

食材便利貼

艾草的膳食纖維在植物中是最細也是最高，所以容易消化吸收，並且具有高單位的良質葉綠素，又具有特殊芬芳香味，可用來做烹調與中西式點心之材料，是很好的天然食材。

（烤盤 35×23cm）

養生蝶豆米香生乳卷

運用新鮮花材及米穀粉，捲出富含豐
富花青素及抗氧化物的米蛋糕卷

材料

	名稱	份量	小叮嚀
蛋黃糊	蝶豆花水	70g	花材滾水沖泡置涼
	蛋黃	330g	-
	三實赤藻糖醇	25g	-
	椰子油	65g	-
	哇好糙米米穀粉	155g	過篩

	名稱	份量	小叮嚀
蛋白霜	蛋白	330g	冷藏
	三實赤藻糖醇	60g	-
	檸檬汁	3g	-
內餡	動物性鮮奶油	200g	冷藏
	三實赤藻糖醇	10g	-
	馬斯卡邦乳酪	40g	-

作 法

① 預爐：上火 180℃、下火 120℃。

② 白報紙裁切適當大小，鋪入烤盤備用。

● 蛋黃糊

③ 先將新鮮蝶豆花用滾水煮過後，過濾花材，取花材水，放涼備用。（P.220）

④

鋼盆加入蛋黃、蝶豆花水、三寶赤藻糖醇、椰子油拌勻。

⑤

加入過篩哇好糙米米穀粉，拌至無顆粒。

● 蛋白霜

⑥ 鋼盆加入蛋白，快速打至起泡。

⑦

加入三寶赤藻糖醇、檸檬汁，打至濕性發泡、呈大彎勾後停止。

⑧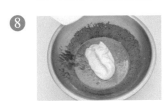

取 1/3 蛋白霜，混入蛋黃糊拌勻。

⑨

將剩餘的蛋白霜倒入拌勻的蛋黃糊中，輕柔切拌均勻。

⑩ 麵糊倒入鋪上白報紙的烤盤，用硬式刮板推至平整。

⑪ 入爐前輕敲模具，震出麵糊中的氣泡。

⑫ 於白報紙及烤盤側邊塗抹適量蛋糕麵糊，避免白報紙於烤焙期間內傾倒，壓到蛋糕體。

⑬ 以上火 180℃、下火 120℃、烤 25 分鐘。

⑭ 出爐前輕拍蛋糕體表面，有沙沙聲，即可出爐。

⑮ 輕敲，震出蛋糕內的熱氣，將四邊的紙撕除，蛋糕體置於涼架上。

● 內餡

⑯ 動物性鮮奶油、三寶赤藻糖醇，隔冰打發至原有容積的一倍。

⑰

加入馬斯卡邦乳酪，再次打發至有紋路，約七分發。

● 組合

⑱ 在放涼蛋糕體上用抹刀抹平內餡，參考 P.40 擀捲定型，修飾切邊。

Point

食材便利貼

源自於東南亞國家的蝶豆花，含有維生素 A、C、E，能夠抗氧化、養顏美容，修護眼睛黏膜，提高免疫力，促進血液循環。類黃酮能抗氧化、提高免疫力。廣泛用於手搖調飲中，加入檸檬汁調味飲用。

★唯孕婦、心血管疾病患者、生理期婦女慎用。

（烤盤 35×23cm）

北海道十勝乳酪風味米穀卷

運用高鈣食材結合赤藻糖醇搭配米穀粉，捲出營養、低糖、高鈣的風味米蛋糕

材料

	名稱	份量	小叮嚀
蛋黃糊	蛋黃	225g	-
	三寶赤藻糖醇	60g	-
	橄欖油	55g	-
	動物性鮮奶油	45g	-
	十勝乳酪起司	45g	-
	哇好糙米米穀粉	90g	過篩

	名稱	份量	小叮嚀
蛋白霜	蛋白	225g	冷藏
	三寶赤藻糖醇	80g	-
	檸檬汁	3g	-
內餡	動物性鮮奶油	180g	冷藏
	三寶赤藻糖醇	10g	-
	十勝乳酪起司	70g	-
裝飾	帕瑪森起司粉	適量	-

作法

① 預爐：上火 180℃、下火 120℃。

② 白報紙裁切適當大小，鋪入烤盤備用。

● **蛋黃糊**

③ 先將哇好糙米米穀粉過篩備用。

鋼盆加入蛋黃，快速打發變白，依序加入三實赤藻糖醇、橄欖油、動物性鮮奶油、十勝乳酪起司拌勻。

加入過篩哇好糙米米穀粉，拌至無顆粒。

● **蛋白霜**

⑥ 鋼盆加入蛋白，快速打至起泡。

⑦

加入三實赤藻糖醇、檸檬汁，打至濕性發泡、呈大彎勾後停止。

⑧

取 1/3 蛋白霜，混入蛋黃糊拌勻。

⑨

將拌勻的蛋黃糊倒入剩餘的蛋白霜中，輕柔切拌均勻。

⑩ 麵糊倒入鋪上白報紙的烤盤，用硬式刮板推至平整。

⑪ 入爐前輕敲模具，震出麵糊中的氣泡。

⑫ 蛋糕糊表面撒上帕瑪森起司粉，於白報紙及烤盤側邊塗抹適量蛋糕麵糊，避免白報紙於烤焙期間內傾倒，壓到蛋糕體。

⑬ 以上火 180℃、下火 120℃、烤 25 分鐘。

⑭ 出爐前輕拍蛋糕體表面，有沙沙聲，即可出爐。

⑮ 輕敲，震出蛋糕內的熱氣，將四邊的紙撕除，蛋糕體置於涼架上。

● **內餡**

⑯ 動物性鮮奶油、三實赤藻糖醇，隔冰打發至原有容積的一倍。

⑰ 加入十勝乳酪起司，再次打發至有紋路，約七分發。

● **組合**

⑱ 在放涼蛋糕體上用抹刀抹平內餡，參考 P.40 擀捲定型，修飾切邊。

（烤盤 35×23cm）

老虎與紅米火龍糾纏

運用椰仁糖及新鮮火龍果，搭配糙米粉捲
出全新視覺、風味的虎皮米蛋糕卷

虎皮

戚風

火龍果

材料

	名稱	份量	小叮嚀
戚風麵糊	蛋黃	140g	-
	椰仁糖	60g	-
	鹽	3g	-
	橄欖油	70g	-
	無糖豆漿	40g	-
	新鮮火龍果肉	75g	-
	哇好糙米米穀粉	170g	過篩
	蛋白	265g	冷藏
	三寶赤藻糖醇	170g	-
	檸檬汁	4g	-

	名稱	份量	小叮嚀
虎皮麵糊	蛋黃	210g	-
	椰仁糖	80g	-
	玉米粉	35g	過篩
內餡	火龍果果醬	150g	-

Point

食材便利貼

火龍果高纖低熱量，膳食纖維助消
化，豐富花青素有效抗氧化，預防便
秘降低膽固醇，適合減重者及糖尿病
患者食用。其植物蛋白更具保護胃壁
作用，是一種好吃又清爽的水果。

作法

1. 預爐：上火 180℃、下火 160℃。

2. 白報紙裁切適當大小，鋪入烤盤備用。

● **戚風麵糊**

3.

準備製作蛋黃糊，鋼盆加入蛋黃、椰仁糖、鹽、橄欖油、無糖豆漿、新鮮火龍果肉，以打蛋器拌勻。

4.

加入過篩哇好糙米米穀粉拌勻。

● **蛋白霜**

5. 準備製作蛋白霜，鋼盆加入蛋白，快速打至起泡。

6. 加入三寶赤藻糖醇、檸檬汁，打發至濕性發泡，約七分發。

7. 取 1/3 蛋白霜，混入蛋黃糊拌勻。

8.

將剩餘的蛋白霜倒入拌勻的蛋黃糊中，輕柔切拌均勻。

9. 麵糊倒入鋪上白報紙的烤盤，用硬式刮板推至平整。

10. 入爐前輕敲模具，震出麵糊中的氣泡。

11. 於白報紙及烤盤側邊塗抹適量蛋糕麵糊，避免白報紙於烤焙期間內傾倒，壓到蛋糕體。

12. 以上火 180℃、下火 160℃、烤 25 鐘，出爐前輕拍蛋糕體表面，有沙沙聲，即可出爐，將四邊的紙撕除，蛋糕體置於涼架上。

● **虎皮麵糊**

13. 取蛋黃、椰仁糖一起放入攪拌缸中，快速打發約 9~11 分鐘。

14. 加入過篩玉米粉拌勻，倒入鋪上白報紙的烤盤，抹平，入爐烤焙。

15. 以上火 220℃、下火 190℃、烤 7 分鐘，烤至表面上色後移到下層，續烤 1~2 分鐘後出爐。

Point

如果沒有上下層，移至最下層擺放，表面上色後，輕拍虎皮表面，有沙沙聲即可出爐。

16.

輕敲，震出蛋糕內的熱氣，將四邊的紙撕除，蛋糕體置於涼架上。

● **組合**

17.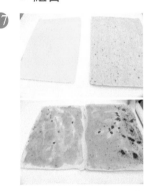

桌面鋪上白報紙，先放戚風蛋糕體，再取烤好虎皮蛋糕體，採相同擀捲方向置放，將兩個蛋糕體抹上火龍果醬。

18.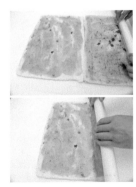

參考 P.40 擀捲定型，修飾切邊。

（烤盤 35×12cm）

豆漿天使椰香高鈣卷

運用甜菜根糖，加入豆漿、糙米粉、蛋白，
做出低脂高鈣的營養風味卷

材料

	名稱	份量	小叮嚀
蛋糕麵糊	蛋白	480g	冷藏
	檸檬汁	5g	-
	鹽	2g	-
	哇好糙米米穀粉	200g	粉類一起過篩可避免結顆粒
	芝麻粉	15g	
	椰子粉	15g	
	甜菜根糖	180g	-
	無糖豆漿	120g	-
	橄欖油	75g	-

	名稱	份量	小叮嚀
內餡	動物性鮮奶油	200g	冷藏
	甜菜根糖	10g	-
	芝麻粉	15g	過篩
	奶油乳酪	30g	-

作法

① 預爐：上火 180℃、下火 120℃。

② 白報紙裁切適當大小，鋪入烤盤備用。

③ 預先過篩哇好糙米米穀粉、芝麻粉、椰子粉，備用。

● **蛋糕麵糊**

④

鋼盆加入蛋白、檸檬汁、鹽高速打至起泡。

⑤

分兩次加入甜菜糖，打至蛋白表面紋路出現。

⑥

轉慢速，加入一起過篩的哇好糙米米穀粉、芝麻粉、椰子粉拌勻。

⑦

加入無糖豆漿、橄欖油拌勻。

⑧

麵糊倒入鋪上白報紙的烤盤，用硬式刮板推至平整。

⑨ 入爐前輕敲模具，震出麵糊中的氣泡。

⑩ 於白報紙及烤盤側邊塗抹適量蛋糕麵糊，避免白報紙於烤焙期間內傾倒，壓到蛋糕體。

⑪ 以上火 180℃、下火 120℃、烤 25 分鐘。

⑫

出爐前輕拍蛋糕體表面，有沙沙聲，即可出爐。

⑬ 輕敲，震出蛋糕內的熱氣，將四邊的紙撕除，蛋糕體置於涼架上。

● **內餡**

⑭

動物性鮮奶油、甜菜根糖，隔冰打發至原有容積的一倍。

⑮

加入過篩芝麻粉、奶油乳酪，再次打發至有紋路，約七分發。

● **組合**

⑯ 在放涼蛋糕體上用抹刀抹平內餡，參考 P.40 擀捲定型，修飾切邊。

Point
食材便利貼

黃豆營養價值高，有健康食物的美名，富含卵磷質及良質植物性蛋白質，不飽和脂肪酸及纖維質等，豐富異黃酮，是補充必須營養素材料中，廣泛且容易可得的食材選擇之一。

（10杯）

棗杯米香好味

柑橘類是連皮食用果實，果肉酸中
帶甜，將柑橘融入米香蛋糕，讓食
客有不同以往的清新香氣口感

材料

	名稱	份量	小叮嚀
蛋黃糊	金棗	70g	切丁去籽
	蛋黃	90g	-
	橄欖油	60g	-
	三寶赤藻糖醇	20g	-
	動物性鮮奶油	30g	-
	無糖優格	40g	-
	哇好糙米米穀粉	95g	過篩

	名稱	份量	小叮嚀
蛋白霜	蛋白	140g	冷藏
	三寶赤藻糖醇	50g	-

作 法

1 預爐：上下火 120℃。

● 蛋黃糊

2

先將金棗洗淨，切丁去籽備用。

3

鋼盆加入蛋黃，用打蛋器攪拌均勻。

4

加入橄欖油、三實赤藻糖醇、動物性鮮奶油、無糖優格、金棗丁拌勻。

5

加入過篩哇好糙米米穀粉，攪拌至無顆粒備用。

● 蛋白霜

6

鋼盆加入蛋白，快速打至起泡。

7

分兩次加入三實赤藻糖醇，快速打發蛋白，打至約九分發。

8

取 1/3 蛋白霜，混入蛋黃糊拌勻。

9

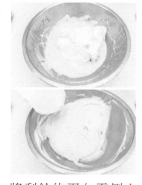

將剩餘的蛋白霜倒入拌勻的蛋黃糊中，輕柔切拌均勻。

10

倒入紙杯或容器中，約八、九分滿，抹平表面輕敲，入爐烤焙。

11 以上下火 120℃，先烤 45 分鐘，再把溫度調整為上下火 150℃，烤 15 分鐘，關火，燜五分鐘。

12 出爐前，使用竹籤插入蛋糕體，麵糊不沾竹籤，即是熟成。

13 輕敲，震出蛋糕內的熱氣，倒扣於涼架上即可。

> *Point*
> **食材便利貼**
>
> 金棗酸中帶甜，富含豐富的維生素A、C、E及胡蘿蔔素，可降火氣、滋養喉嚨、促進消化，是柑橘類中，可以連皮一起食用的水果。

（10 杯）

梅香黑豆養生米蛋糕

將常見的零嘴「梅子」結合藜麥，搭配養
生米穀粉及黑豆，融合抗氧化素材於蛋糕
中，讓食客有更營養的美味選擇

材料

	名稱	份量	小叮嚀
蛋黃糊	新鮮脆梅	60g	去籽切丁
	蛋黃	90g	-
	橄欖油	75g	-
	三實赤藻糖醇	40g	-
	無糖黑豆漿	45g	-
	動物性鮮奶油	20g	-
	藜麥	10g	煮熟
	哇好養生米穀粉	85g	過篩

	名稱	份量	小叮嚀
蛋白霜	蛋白	140g	冷藏
	三實赤藻糖醇	50g	-

作法

① 預爐：上下火 120℃。

● **蛋黃糊**

② 先將新鮮脆梅洗淨，去籽切丁；藜麥煮熟備用。

③

鋼盆加入蛋黃，用打蛋器攪拌均勻。

④

加入橄欖油、三寶赤藻糖醇、無糖黑豆漿、動物性鮮奶油、新鮮脆梅丁、藜麥、過篩哇好養生米穀粉，拌勻備用。

● **蛋白霜**

⑤

鋼盆加入蛋白，快速打至起泡。

⑥

分兩次加入三寶赤藻糖醇，快速打發蛋白，打至約九分發。

⑦

取 1/3 蛋白霜，混入蛋黃糊拌勻。

⑧

將剩餘的蛋白霜倒入拌勻的蛋黃糊中，輕柔切拌均勻。

⑨

倒入紙杯或容器中，約八、九分滿，抹平表面輕敲，入爐烤焙。

⑩ 以上下火 120℃，先烤 45 分鐘，再把溫度調整為上下火 150℃，烤 15 分鐘，關火，燜五分鐘。

⑪ 出爐前，使用竹籤插入蛋糕體，麵糊不沾竹籤，即是熟成。

⑫ 輕敲，震出蛋糕內的熱氣，倒扣於涼架上即可。

Point

食材便利貼

哇好養生米穀粉混搭在地種植的梗白米、糙米、黑米，富含豐富花青素營養及膳食纖維口感，將平時食用的米飯納入西點蛋糕中，具有不同的操作感受及饗食口感。

梅子具有鹼性效能，富含胺基酸及抗氧化成分，能輕易促進體內腸胃吸收，加速新陳代謝，亦是日本餐前餐後常見的養生零嘴。

常吃黑豆可增加粗纖維素，預防便秘，補充蛋白質需求，強健體力。

（六吋鋁模/1 份）

蜜香綠茶乳酪蛋糕

挑選瑞穗舞鶴台地的優質茶農茶品，做出在地茶香的風味乳酪蛋糕

材 料

	名稱	份量	小叮嚀
餅乾底	奇福餅乾	75g	-
	無鹽奶油	35g	-
蜜香綠茶湯	熱水	70g	茶湯取 30g 使用
	蜜香綠茶葉	2g	-

	名稱	份量	小叮嚀
乳酪糊	奶油乳酪	160g	-
	優格	15g	-
	甜菜糖	50g	-
	動物性鮮奶油	50g	-
	蛋黃	80g	-
	蜜香綠茶茶葉	8g	磨粉
	蜜香綠茶湯	30g	-
	檸檬汁	1g	-

作法

① 預爐：上下火 160℃。

②

70g 滾水中加入蜜香綠茶葉，浸泡約 5~10 分鐘，泡至茶味出來，取 30g 放涼備用。

③

缽中放入乳酪糊的材料蜜香綠茶茶葉，搗成粉末。

● **餅乾底**

④ 塑膠袋裝入奇福餅乾，以擀麵棍壓碎。

⑤

加入隔水融化之無鹽奶油拌勻，鋪入六吋鋁模底部，壓緊、壓實。

⑥ 將製作完成的餅乾底放入冷藏備用。

● **乳酪糊**

⑦ 隔水融化奶油乳酪、優格、甜菜糖，攪拌至糖融解、無顆粒後離火。

⑧ 加入動物性鮮奶油拌勻。

⑨ 分次加入蛋黃拌勻，每次加入蛋液，請檢視鋼盆內乳酪糊吸收的狀態，確認均勻溶入，才再次加入剩餘蛋液，繼續拌勻。

⑩

將放涼後的蜜香綠茶湯、檸檬汁拌勻；乳酪糊中加入拌勻的綠茶檸檬汁、磨好的蜜香綠茶茶葉粉末，一同拌勻備用。

● **組合**

⑪

取出冷藏備用的餅乾底，倒入乳酪糊。

⑫ 採用水浴法烘烤，將六吋鋁模放入深烤盤，烤盤注入 1cm 溫水，以上下火 160℃、烤約 40~45 分鐘。

⑬ 出爐，待冷卻後切割食用。

Point

冷藏後，風味更佳。

（六吋鋁模／1份）

百香重乳酪

摘下當季枝頭飽滿百香果實，挖取裡頭香氣濃郁的果肉，果肉酸甜濃郁，香氣讓人直吞口水

材料

	名稱	份量	小叮嚀
餅乾底	奇福餅乾	75g	-
	無鹽奶油	35g	-

	名稱	份量	小叮嚀
乳酪糊	奶油乳酪	200g	-
	甜菜根糖	30g	-
	蛋黃	80g	-
	動物性鮮奶油	35g	-
	百香果汁	25g	含果肉

作 法

① 預爐：上火 160℃、下火 160℃

● 餅乾底

②
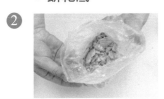

塑膠袋裝入奇福餅乾，以擀麵棍壓碎。

③

加入隔水融化之無鹽奶油拌勻，鋪入六吋鋁模底部，壓緊、壓實。

④ 將製作完成的餅乾底放入冷藏備用。

● 乳酪糊

⑤ 隔水融化奶油乳酪、甜菜根糖，攪拌溶合至無顆粒。

⑥

將蛋黃打散，分次慢慢加入步驟 5 中，使用打蛋器攪拌均勻，每次加入蛋液，請檢視鍋子內乳酪糊吸收的狀態，確認均勻溶入，才再次加入剩餘蛋液，繼續拌勻。

⑦

加入百香果汁、動物性鮮奶油拌勻。

● 組合

⑧

取出冷藏備用的餅乾底，倒入乳酪糊。

⑨ 採用水浴法烘烤，將六吋鋁模放入深烤盤，烤盤注入 1cm 溫水，以上下火 160℃、烤約 40~45 分鐘。

⑩ 出爐，待冷卻後切割食用。

> **Point**
> 冷藏後，風味更佳。

> **Point**
> 食材便利貼
> 百香果果汁香氣濃郁，且富含極高維生素A及多種礦物質，其中類黃酮素是抗氧化的重要元素，可含果肉種子一起食用，味道酸甜，去油解膩，助消化，助益良多。

（中空模具/1個）

忘憂鹹米蛋糕

以新鮮金針花搭配蛋白做出輕柔
的鹹蛋糕

材料

	名稱	份量	小叮嚀
蛋白糊	蛋白	270g	冷藏
	三寶赤藻糖醇	80g	-
	檸檬汁	2g	-
	哇好糙米米穀粉	80g	過篩
	白胡椒粉	適量	依口味適量調整添加

	名稱	份量	小叮嚀
佐料食材	溫體碎絞肉	20g	豬絞肉
	新鮮金針花	20g	洗淨去蒂去芯
	白胡椒粉	適量	依口味適量調整添加
	鹽	適量	-
	紅蘿蔔	10g	洗淨去皮切碎

作法

① 預爐：上火 200℃、下火 120℃。

● 佐料食材

②

中小火熱鍋，放入溫體碎絞肉、新鮮金針花、紅蘿蔔碎拌炒至軟化。

③

加入適量白胡椒粉、鹽調味炒勻，盛裝於碗盤中放涼備用。

● 蛋白糊

④

鋼盆加入蛋白，快速打至起泡。

⑤

加入檸檬汁、三寶赤藻糖醇，打至濕性發泡、呈大彎勾後停止。

⑥

再加入過篩好的哇好糙米米穀粉與適量白胡椒粉混勻調味，以輕柔切拌的方式與蛋白霜拌勻，拌至無顆粒。

Point

食材便利貼

金針花又名忘憂草，花性甘涼，營養豐富，含鐵量高，具有豐富氨基酸及必要營養元素，比菠菜含鐵高幾倍，更可輕鬆補血，改善貧血症狀，同時加強鈣質吸收。亦是家中餐桌，常見的蔬食佳餚。

⑦

加入一部分放涼後的金針花佐料，輕柔切拌完成。

⑧ 中空模具均勻鋪上剩餘的金針花佐料。

⑨ 將拌勻蛋白糊，倒入中空模具中，倒約七、八分滿。

⑩ 入爐前輕敲模具，震出麵糊中的氣泡。

⑪ 以上火 180℃、下火 120℃、烤 25 分鐘，烤完關火，再燜 3 分鐘。

⑫ 出爐前，使用竹籤插入蛋糕體，麵糊不沾竹籤，即是熟成。

⑬ 輕敲，震出蛋糕內的熱氣，倒扣於涼架上即可。

（7 吋方形模具 / 1 個）

鹹香風味起司蛋糕

本配方是教大家融合奶油乳酪，
搭配豆漿及米穀粉製作可口的鹹
香起司蛋糕

材料

	名稱	份量	小叮嚀
乳酪糊	奶油乳酪	150g	-
	無糖豆漿	170g	-
	無鹽奶油	30g	室溫軟化
	哇好糙米米穀粉	70g	過篩
	蛋黃	100g	-

	名稱	份量	小叮嚀
蛋白霜	蛋白	165g	冷藏
	椰仁糖	75g	-
	鹽	2g	-
	檸檬汁	1g	-
裝飾	帕瑪森起司粉	適量	-
	烤熟鹹蛋黃	2 顆	過篩

作法

❶ 預爐：上火 210℃、下火 150℃。

❷ 白報紙裁切適當大小，鋪入烤盤；烤熟鹹蛋黃過篩備用。

● 乳酪糊

❸

奶油乳酪、無糖豆漿、無鹽奶油隔水融化，攪拌至無顆粒後，離火備用。

❹

加入過篩哇好糙米米穀粉，輕柔拌勻。

❺ 分次加入蛋黃，每次加入都必須打到蛋液完全與乳酪糊混勻，才能再加入。

● 蛋白霜

❻

鋼盆加入蛋白，快速打至起泡。

❼

加入鹽、檸檬汁，分兩次加入椰仁糖，快速打發蛋白，打至約七分發。

❽

取 1/3 蛋白霜，混入乳酪糊中拌勻。

❾

再將拌勻的乳酪糊，倒入蛋白霜鋼盆內，以切拌方式輕柔攪拌均勻。

❿

麵糊倒入烤模中鋪平，用硬式刮板推至平整。

⓫ 入爐前輕敲模具，震出麵糊中的氣泡。

⓬

撒上帕瑪森起司粉、烤熟鹹蛋黃末。

⓭ 以上火 210℃、下火 150℃、先烤 10~15 分鐘。

⓮ 烤至表面上色後，調降上火 160℃、下火 150℃，續烤 30 分鐘。

⓯

出爐前，使用竹籤探測，不沾黏即可出爐脫模，放涼切片。

（瓷器模具／1 個）

三色米布丁蛋糕

運用米穀粉製作布丁蛋糕，讓米食融於甜點中，有別以往風味

材料

	名稱	份量	小叮嚀
焦糖液	吉利 T 粉	4g	-
	海藻糖	35g	-
	水	10g	-
	熱水	110g	-
	黑糖	10g	-
布丁液	海藻糖	15g	-
	無糖豆漿	90g	-
	新鮮香草莢	1/4 條	取籽使用
	全蛋	150g	一般大小 3 顆

	名稱	份量	小叮嚀
蛋糕糊	哇好糙米米穀粉	20g	過篩
	無糖豆漿	15g	-
	橄欖油	13g	-
	蛋黃	40g	2 顆
	蛋白	60g	2 顆
	海藻糖	18g	-

作 法

1. 新鮮香草莢從中心剖開，取籽備用。

● 焦糖液

2. 吉利 T 粉加入少量海藻糖混勻備用。

3. 鍋子加入海藻糖、水，小火熬煮至焦糖上色，關火。

4. 準備另一個鍋具，倒入熱水及黑糖攪拌均勻後，沖入步驟 3 中。

5.

最後倒入拌入海藻糖的吉利 T 粉，快速攪拌均勻，拌至無顆粒，倒入模具，冷藏 2 小時備用。

● 布丁液

6. 鍋子加入海藻糖、無糖豆漿、新鮮香草莢籽，開小火煮至微溫，拌勻溶化，關火。

7.

全蛋打散後，加入步驟 6 中混合均勻，以濾網過篩三次，輕輕倒入稍早冷藏的焦糖液模具中。

> **Point**
> 可以把新鮮香草莢也加進去煮，但要記得撈出來，不可以一起烘烤。

● 蛋糕糊

8. 鋼盆加入無糖豆漿、橄欖油、蛋黃拌勻。

9.

加入過篩哇好糙米米穀粉，拌勻至無顆粒，此為蛋黃糊。

10. 乾淨鋼盆加入蛋白快速打至起泡，加入海藻糖打至八分發、出現小彎勾，此為蛋白霜。

11.

取 1/3 蛋白霜，混入蛋黃糊拌勻。

12.

將拌勻的蛋黃糊倒入剩餘的蛋白霜中，輕柔切拌均勻。

13.

倒入裝有焦糖液與布丁液的模具中，抹平，使用竹籤輕劃表面。

14. 採用水浴法烘烤，將模具放入深烤盤，烤盤注入 1cm 溫水，以上下火 170℃、先烤 15 分鐘，再將爐溫調整成上下火 150℃、烤 35 分鐘。

15.

關火，燜於烤箱 60 分鐘後取出。

16. 自烤箱取出後，須冷藏至少半天，再使用刮刀於蛋糕體模具中，劃過邊緣，並用餐盤倒扣脫出模具。

（瓷器模具 /10 個）

焦糖高鈣米布丁燒

運用米穀粉製作米香布丁燒，讓
米食融於甜點中，有別以往風味

材料

	名稱	份量	小叮嚀
焦糖液	海藻糖	40g	-
	冷水	15g	-
	熱水	10g	-
乳酪糊	奶油乳酪	110g	-
	動物性鮮奶油	20g	無糖
	無鹽奶油	40g	室溫軟化
	甜菜根糖	10g	-
	蛋黃	80g	-
	檸檬汁	5g	-
	哇好糙米米穀粉	70g	過篩

	名稱	份量	小叮嚀
香草布蕾餡	新鮮香草莢	1/2 根	取籽使用
	動物性鮮奶油	180g	無糖
	無糖豆漿	100g	-
	甜菜根糖	25g	-
	蛋黃	120g	-
	全蛋	60g	-
蛋白霜	蛋白	120g	冷藏
	甜菜根糖	40g	-
	檸檬汁	2g	-

作法

① 預爐：上火 190℃、下火 150℃。

② 新鮮香草莢從中心剖開，取籽備用。

● 焦糖液

③ 取海藻糖加入冷水，小火煮至焦糖色，再加入熱水拌勻即可。

④

將煮好的焦糖液平均分入模具中，放涼備用。

● 香草布蕾餡

⑤ 鋼盆加入新鮮香草莢籽、動物性鮮奶油、無糖豆漿、甜菜根糖隔水加熱拌勻，煮至 60℃。

⑥

關火，加入蛋黃、全蛋拌勻，用濾網過篩，倒入耐熱杯或陶瓷容器中，每杯約 35g。

● 乳酪糊

⑦ 鋼盆加入奶油乳酪、動物性鮮奶油、無鹽奶油、甜菜根糖隔水加熱拌勻，拌至微溫、無顆粒。

⑧

離火，加入蛋黃、檸檬汁拌勻，加入過篩哇好糙米米穀粉，攪拌均勻至無顆粒。

● 蛋白霜

⑨

乾淨鋼盆加入蛋白快速打至起泡。

⑩ 加入甜菜根糖、檸檬汁，打至濕性發泡、呈大彎勾後停止。

⑪

分兩次將乳酪糊與蛋白霜切拌均勻，倒入模具中，約 35g。

⑫ 用水浴法烘烤，將模具放入深烤盤，烤盤注入 1cm 溫水，以上火 190℃、下火 150℃、烤 10 分鐘，烤至表面上色後，將溫度調整為上火 150℃、下火 140℃、再烤 35~45 分鐘，開氣門。

柚香臺式米牛粒

甜菜根糖搭配米穀粉，夾入當季
節熬成的柚子醬做牛粒

材料

	名稱	份量	小叮嚀
牛粒麵糊	蛋黃	60g	-
	哇好糙米米穀粉	125g	過篩
	蛋白	90g	冷藏
	甜菜根糖	55g	-
	檸檬汁	2g	-

	名稱	份量	小叮嚀
夾內層餡	柚子醬	150g	依個人喜好口感夾餡
表面	純糖粉	適量	-

作法

1. 預爐：上火 220℃、下火 0℃。

● **牛粒麵糊**

2. 先將全蛋之蛋白和蛋黃分開。

3.

將蛋黃充分打發。

4.

乾淨鋼盆加入蛋白快速打至起泡。

5.

加入甜菜根糖、檸檬汁，打至硬性發泡。

6.

加入步驟 3 拌勻。

7.

最後加入過篩哇好糙米米穀粉，輕輕拌勻即可。

8. 烤盤鋪好烤焙墊，將完成的牛粒麵糊裝入擠花袋中。

9.

平均擠出約 50 元硬幣大小麵糊。

10.

表面撒上過篩適量純糖粉。

11. 以上火 220℃、下火 0℃、烤 8~10 分鐘，烤至表面不沾黏即可。

12. 出爐冷卻後，挑選相同或相近成品，於其中內面抹上適量柚子醬，再取另一顆覆蓋。

Point

食材便利貼

甜菜根糖是用與菠菜同為藜科植物的「甜菜」為原料製作而成的。將白色的根部切碎熬煮後，再加以取出糖分。除了含有礦物質，還可以平衡腸道環境的寡糖類。

（兩公升燜燒鍋 / 1 個）

無糖優格

本配方是教大家健康優格的製作方法

材料

名稱	份量	小叮嚀
全脂鮮奶	1000g	-
優格菌粉	1g	冷凍一小包

作 法

① 準備深煮鍋、洗淨燜
燒鍋具、攪拌器、溫
度計一組。

② 製作優格的前置準備
非常重要，優格必須
在乾淨的環境中才能
生長。洗淨燜燒鍋具
裡外，不可有任何油
漬殘留，並用滾水消
毒器具。

③

煮一鍋滾水，將所有
器具徹底清潔，並將
溫度計殺菌後，放乾
備用。

④

將全脂鮮奶加熱至沸
騰後，離火靜置放涼。

⑤ 放涼至溫度約 40~45℃
間。

⑥ 倒入冷凍優格菌粉於
燜燒鍋底。

⑦

再將降溫後的鮮奶，
直接沖入燜燒鍋內鍋
中，充分攪拌均勻。

⑧

放入燜燒鍋內，蓋上
蓋子，靜置約 8 小時。

⑨ 靜置 8 小時後開蓋，
將燜燒鍋具內鍋，移
至冷藏室存放，盡速
食用。

> **Point**
>
> 優格菌粉，可至
> 有機店選購使用。

> **Point**
>
> 鍋具要充分清洗
> 及滾水消毒，鍋
> 具內不可有油，
> 注意煮沸的鮮奶
> 需降溫至 40~45
> ℃間，使用沖入
> 的方式，充分拌
> 勻優格菌粉，放
> 入燜燒鍋靜置 8
> 小時，期間不可
> 打開或晃動。成
> 品製作成功，移
> 至冷藏保存，盡
> 速食用。

> **Point**
>
> 食材便利貼
>
> 廣受歡迎的保健
> 飲品「優酪乳」，
> 其所含的益菌可
> 促進消化液分泌，
> 增加胃酸，助消
> 化，對各年齡層
> 均可補充鈣質，
> 預防骨質疏鬆，
> 適合各年齡層的
> 人適量攝取。

Look

（椰子塔模/10個 ● 半熟皮/熟餡）

高鈣風味塔

本配方是要教大家低醣生酮
高鈣塔的製作方法

材料

	名稱	份量	小叮嚀
塔皮	無鹽奶油	55g	室溫軟化
	三寶赤藻糖醇	25g	-
	全蛋液	40g	-
	杏仁粉	180g	過篩
裝飾	檸檬皮屑	適量	-
乳酪餡	全蛋	60g	-
	奶油乳酪	70g	-
	三寶赤藻糖醇	30g	-
	發酵奶油	75g	室溫軟化
	檸檬汁	10g	-

作法

① 預爐：上下火 200℃。

● **塔皮**

②

無鹽奶油、三實赤藻糖醇、全蛋液，一起打勻。

③ 加入過篩杏仁粉壓拌均勻，拌至無顆粒成團。

④ 取保鮮膜覆蓋包裹鬆弛，冷藏 60 分鐘。

⑤

塔皮麵團每個分割 30g，使用塔模，捏出塔模底座外型，整形外觀。

⑥ 在塔皮底部用叉子戳上數十個孔洞透氣。

⑦

裁切烘焙用白報紙，置於塔皮上，放入重石進爐烤焙。

> **Point**
> 重石可使用生綠豆、生紅豆代替。

⑧ 以上下火 200℃、先烤 10 分鐘。

⑨ 取出重石，繼續以上下火 200℃、烤 8 分鐘，烤至塔皮表面上色。

⑩ 取出烤好塔皮，放涼脫模備用。

● **乳酪餡**

⑪ 鋼盆加入奶油乳酪、三實赤藻糖醇、發酵奶油隔水加熱，加熱至均勻融化。

⑫ 關火，加入全蛋、檸檬汁拌勻。

● **組合裝飾**

⑬ 將煮好的乳酪餡倒入烤至半熟的塔皮內。

⑭ 以上下火 200℃，回烤 3~5 分鐘。

⑮

出爐後撒上適量檸檬皮屑點綴裝飾。

（四吋塔模 /9 個 ● 生皮 / 生餡）

低醣低碳蛋塔

本配方是要教大家低醣生酮
蛋塔的製作方法

材料

	名稱	份量	小叮嚀
塔皮	無鹽奶油	75g	室溫軟化
	三寶赤藻糖醇	40g	-
	蛋黃	40g	-
	無麩質燕麥麩皮	35g	過篩
	帶皮杏仁粉	35g	過篩
	椰子細粉	75g	過篩
內餡	三寶赤藻糖醇	40g	-
	動物性鮮奶油	150g	-
	水	30g	-
	蛋黃	60g	-

作法

① 預爐：上火 190℃、下火 180℃。

● 塔皮

②

將無鹽奶油、三實赤藻糖醇，一起打發至奶油呈現乳白色絨毛狀。

③

加入蛋黃拌勻。

④

加入分別過篩的無麩質燕麥麩皮、帶皮杏仁粉、椰子細粉，壓拌成團。

⑤

塔皮麵團每個分割 30g，使用四吋塔圈，壓出塔皮底座外型，整形外觀。

⑥ 放入烤盤中用塑膠袋蓋住，冷凍 15 分鐘。

● 內餡

⑦

鍋子加入三實赤藻糖醇、動物性鮮奶油、水隔水加熱，加熱至糖溶解，溫度不超過 60℃，關火。

⑧

離火冷卻後，分次加入蛋黃攪拌均勻。

● 組合

⑨

取出冷凍塔皮，將內餡倒入捏好的塔皮中，入爐烤焙。

⑩

以上火 190℃、下火 180℃，烤 18~20 分鐘。

Point

食材便利貼

三實赤藻糖醇：目前普遍用於低醣生酮點心中，其甜度是一般蔗糖的 60~80% 之間，每公克熱量約 0.2 大卡（砂糖約 4 大卡），赤藻糖醇被人體攝取後，迅速被小腸吸收，由尿液排出體外，不經代謝分解，在體內組織中不會有累積情形。

低卡馬林糖

本配方是教大家運用赤藻糖醇，
做出蛋白糖霜餅

材料

名稱	份量	小叮嚀
蛋白	100g	冷藏
三寶赤藻糖醇	70g	-
檸檬汁	1g	-

作法

鋼盆加入蛋白、三寶
赤藻糖醇、檸檬汁，
高速打至硬性發泡。

② 烤盤鋪好烤焙墊。

將蛋白霜裝入擠花袋，
擠出適當大小準備烤
焙。

以上下火 90 ℃，烤
120~150 分鐘。

附錄：蝶豆花水製作

材料份量可隨意，花量越大，花青素顏色會越深。基本上花多、水少，顏色較深味道重；花少、水多，顏色較淺味道淡。納入花青素於食材裡頭，經過每次的烤焙，它的色澤都會有差異，跟色膏及色粉的穩定性不同，火龍果也是這類食材，加熱後會有色澤差異。

新鮮蝶豆花

① 準備新鮮蝶豆花放入一鍋滾水中，中火煮約 5~8 分鐘，煮至顏色出來。

② 濾出蝶豆花，將蝶豆花水放涼備用。

バン鍋

讓廚房成為生活中美好的記憶

桌上型攪拌機MX-205

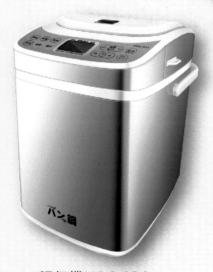

麵包機MBG-036

恆溫乾果機FR-506

粉絲專頁

佳盈實業有限公司

新北市新莊區萬壽路一段21巷17弄4號　02-82003200
粉絲專頁：https://www.facebook.com/breadinside/
http://www.breadpan.com.tw　service@breadpan.com.tw

Baking 1

邱獻勝老師的
烘焙教室

國家圖書館出版品預行編目 (CIP) 資料

邱獻勝老師的烘焙教室 / 邱獻勝, 馮寶琴, 鍾昆富著. --
一版 . -- 新北市 : 優品文化, 2020.11 224 面 ; 19x26 公
分 . -- (Baking ; 1)
ISBN 978-986-99637-3-2(平裝)
1. 點心食譜

427.16   109016202

作　　者 ﹀ 邱献勝、馮寶琴、鍾昆富

總 編 輯 ﹀ 薛永年

美術總監 ﹀ 馬慧琪

文字編輯 ﹀ 蔡欣容

攝　　影 ﹀ 王隼人、辜士豪

出 版 者 ﹀ 優品文化事業有限公司

　　　　　電話：(02)8521-2523

　　　　　傳真：(02)8521-6206

　　　　　Email：8521service@gmail.com
　　　　　（如有任何疑問請聯絡此信箱洽詢）

上優好書網　　Facebook 粉絲專頁　　YouTube 頻道

印　　刷 ﹀ 鴻嘉彩藝印刷股份有限公司

業務副總 ﹀ 林啟瑞 0988-558-575

總 經 銷 ﹀ 大和書報圖書股份有限公司

　　　　　新北市新莊區五工五路 2 號

　　　　　電話：(02)8990-2588

　　　　　傳真：(02)2299-7900

網路書店 ﹀ www.books.com.tw 博客來網路書店

出版日期 ﹀ 2020 年 11 月

版　　次 ﹀ 一版一刷

定　　價 ﹀ 480 元

邱獻勝老師的烘焙教室　**讀 者 回 函**

♥ 為了以更好的面貌再次與您相遇，期盼您說出真實的想法，給我們寶貴意見 ♥

姓名：	性別：□男 □女	年齡：　　　歲
聯絡電話：（日）　　　　　　　　　（夜）		
Email：		
通訊地址：□□□-□□		
學歷：□國中以下 □高中 □專科 □大學 □研究所 □研究所以上		
職稱：□學生 □家庭主婦 □職員 □中高階主管 □經營者 □其他：		

● 購買本書的原因是？
　　□興趣使然 □工作需求 □排版設計很棒 □主題吸引 □喜歡作者 □喜歡出版社
　　□活動折扣 □親友推薦 □送禮 □其他：＿＿＿＿＿＿＿＿＿＿＿

● 就食譜叢書來說，您喜歡什麼樣的主題呢？
　　□中餐烹調 □西餐烹調 □日韓料理 □異國料理 □中式點心 □西式點心 □麵包
　　□健康飲食 □甜點裝飾技巧 □冰品 □咖啡 □茶 □創業資訊 □其他：＿＿＿＿＿＿

● 就食譜叢書來說，您比較在意什麼？
　　□健康趨勢 □好不好吃 □作法簡單 □取材方便 □原理解析 □其他：＿＿＿＿＿

● 會吸引你購買食譜書的原因有？
　　□作者 □出版社 □實用性高 □口碑推薦 □排版設計精美 □其他：＿＿＿＿＿

● 跟我們說說話吧～想說什麼都可以哦！

24253 新北市新莊區化成路 293 巷 32 號

 上優文化事業有限公司　收

（優品）

（請沿此虛線對折寄回）

◆ 優品文化事業有限公司
　電話：(02)8521-2523
　傳真：(02)8521-6206
　信箱：8521service @ gmail.com

上優好書網　　FB 粉絲專頁　　YouTube 頻道